计算机免疫系统及其应用

柴争义 李亚伦 著

科学出版社

北京

内 容 简 介

本书将智能计算中的人工免疫系统用于计算机领域的相关问题求解，主要关注人工免疫系统中的克隆选择算法、否定选择算法、危险理论等的具体应用实现。本书主要介绍了基于克隆选择算法的认知无线电网络频谱分配、频谱决策优化、认知 OFDM 资源分配方案；基于否定选择算法的入侵防御；基于危险理论的网络风险感知和评估模型与方法、用于异常检测的否定选择算法。

本书可以作为高等院校智能科学与技术专业高年级本科生和研究生的教材，也可供从事智能计算和网络优化的工程技术人员参考。

图书在版编目 (CIP) 数据

计算机免疫系统及其应用/柴争义，李亚伦著. —北京：科学出版社，2016.9

ISBN 978-7-03-049658-4

Ⅰ. ①计… Ⅱ. ①柴… ②李… Ⅲ. ①免疫学－应用－人工智能－研究 Ⅳ. ①TP18

中国版本图书馆 CIP 数据核字 (2016) 第 202022 号

责任编辑：王　哲　霍明亮 / 责任校对：郭瑞芝

责任印制：徐晓晨 / 封面设计：迷底书装

科 学 出 版 社 出版

北京东黄城根北街 16 号

邮政编码：100717

http://www.sciencep.com

北京厚诚则铭印刷科技有限公司 印刷

科学出版社发行　各地新华书店经销

*

2016 年 9 月第 一 版　开本：720×1 000　1/16

2018 年 3 月第三次印刷　印张：12 1/4

字数：230 000

定价：**72.00 元**

（如有印装质量问题，我社负责调换）

前　言

从大自然中进行学习，一直是人工智能的热点研究领域之一。生物是自然智能的载体。智能计算从生物学得到启示，解决了很多工程应用问题。人工免疫系统是一种模仿生物免疫系统机制、原理和模型解决复杂问题的自适应系统，具有学习、记忆和模式识别等学习机制，提供了新颖的解决问题的潜力，是一种典型的智能计算方法。人工免疫算法应用于计算机领域，也称为计算机免疫系统。计算机免疫系统是对人体免疫学的借鉴和实际运用，是一种新兴的智能信息处理方法。

人工免疫系统中主要有克隆选择算法、否定选择算法、危险理论等。克隆选择算法适合于求解优化问题，而否定选择算法和危险理论适合求解异常检测、入侵防御、风险评估等问题。本书主要将免疫克隆算法用于无线网络中的资源优化问题，将否定选择算法和危险理论用于网络安全问题，对人工免疫算法在工程领域的应用进行了积极探索。

本书是对作者从事计算机免疫前沿领域研究成果的梳理与总结。针对不同应用问题，设计出相应的免疫算法进行求解，并对求解效果加以分析和讨论。书中内容取材于作者近期在国内外学术会议、期刊发表的论文，包括频谱资源分配优化、频谱决策优化、子载波和功率资源的分配、入侵防御、风险评估、异常检测等。

本书具有以下特色：坚持学术性和应用性相结合的原则，把理论和实践融合在一起，以"理论及方法探索→建立问题模型→求解模型，给出优化方案→评估方案→修正模型"的方式展示技术方案。在讲解过程中，遵从了"用理论来指导实践，用实践来丰富理论"的科研规律，读者在阅读本书时，可以一边学习理论，一边进行案例仿真实验。

本书由天津工业大学柴争义、李亚伦撰写。在撰写过程中，参考了国内外同行的最新研究成果，在此向他们表示衷心的感谢。

在排版和校对过程中，研究生王玉林、郝旭正、韩亚敏、何君做了很多具体细微的工作，在此向他们表示感谢。

本书的研究工作得到了国家自然科学基金项目(U1504613)资助，在此表示深深的谢意！

计算机免疫系统处于不断发展过程之中，由于作者水平有限，书中难免存在不足之处，恳请业界专家、学者和读者批评指正。

作　者

2016 年 7 月

目　　录

第1章 绪 论

1.1 计算机免疫系统

人工智能的研究主要集中在探索智能及智能模拟的普适理论。智能计算是人工智能领域中的研究热点，充实了人工智能的研究内容。很多学者认为，人工智能"应该从生物学而不是物理学受到启示"。生物是自然智能的载体。从信息处理的角度来看，生物体就是一部优秀的信息处理机[1]。

人工免疫系统是一种模仿生物免疫系统机制、原理和模型解决复杂问题的自适应系统，具有学习、记忆和模式识别等学习机制，提供了新颖解决问题的潜力[2,3]。其主要研究在于通过深入探索生物免疫系统中所蕴含的信息处理机制，建立相应的工程模型和算法，解决国民经济和社会发展中面临的众多科学问题。人工免疫系统是生命科学和计算科学相交叉而形成的一个新的研究热点。近年来，人工免疫算法越来越受到相关领域研究人员的关注。不同的研究者借鉴其信息处理机制来解决工程和科学问题，研究成果涉及网络安全、数据处理、优化学习、故障诊断、资源调度等方面，显示出了优越的性能。与进化算法相比，人工免疫算法表现出了很多优异的特性，如在提高收敛速度的同时，较好地保持了种群的多样性，能比较有效地克服早熟收敛、欺骗等进化算法本身难以解决的问题，显示出较强的优化求解能力。

人工免疫算法应用于计算机领域，也称为计算机免疫系统[4]。计算机免疫系统是对机体免疫学的借鉴和实际运用，是一种新兴的智能信息处理方法，在计算机网络安全、模式识别等领域中具有广阔的应用前景。不失一般性，本书中计算机免疫系统与人工免疫系统不作严格区分。

1.1.1 生物免疫系统及其信息处理机能

生物免疫系统是一个高度进化的生物系统，它旨在区分外部有害抗原和自身组织，从而清除病原体并保持有机体的稳定[5,6]。从计算的角度来看，生物免疫系统是一个高度并行、分布、自适应和自组织的系统，具有很强的学习、识别、记忆和特征提取能力。人工免疫系统的隐喻机制主要来源于生物免疫系统中的获得性免疫的优良特性。目前，人们对生物免疫系统的认识还相当的不充分，还有待生物免疫学家进一步地研究与探讨。

下面首先对免疫学的几个基本概念进行介绍。

(1) 免疫。免疫学是研究机体免疫系统的组织结构和生理功能的学科，主要研究免疫系统识别并消除有害生物及其成分的应答过程及机制。免疫系统的主要功能是对"自己"和"非己"抗原的识别和应答，排除"非己"物质，以维持机体的平衡。正常情况下，免疫应答的结果对机体有利，起到免疫防御、免疫稳定和免疫监视等生理性保护作用。

(2) 免疫细胞。能进行免疫应答的主要是淋巴细胞[5,6]。淋巴细胞又分为 B 细胞和 T 细胞。B 细胞在免疫应答和清除病原体的过程中起主要作用，受到刺激后分泌抗体去结合抗原，但其发挥作用要通过 T 细胞的帮助。T 细胞的主要功能是调节其他细胞的活动。B 细胞所受的刺激水平不仅取决于抗体与抗原的结合情况，而且取决于与其他 B 细胞的匹配情况(亲和力)。如果刺激超过一定阈值，B 细胞开始变大分裂，大量复制自己，以非常高的频率在基因中产生点变异，这种机制称为体细胞高频变异。高频变异产生的新 B 细胞能否存活取决于它们对抗原和网络中其他 B 细胞的亲和力。如果新细胞对抗原有更高的亲和力，将会进行复制并比现存的 B 细胞存活时间更长。因此，通过重复的高频变异和选择过程，经过一段时间后，产生了对抗原具有更高亲和力的 B 细胞。

(3) 抗原。抗原(antigen，Ag)是指凡是能够诱导免疫应答而产生抗体，并能与其发生特异性结合而产生免疫效应的物质。也就是说，抗原是任何能被 T 细胞和 B 细胞识别并刺激 T 细胞及 B 细胞进行特异性免疫应答的物质。抗原表面被抗体识别的部分称为抗原决定基。抗原必须能够被抗原提呈细胞加工、处理，以及能被 T 细胞和 B 细胞的抗原识别受体所识别。

(4) 抗体。抗体是 B 细胞识别抗原后，通过克隆扩增分化所产生的一种蛋白质分子，也称为免疫球蛋白。抗体结合由外部入侵的抗原，消除对人体的威胁。抗体由抗体决定基和独特型组成，抗体决定基是抗体上识别抗原决定基的部分，而独特型是抗体上可供自身免疫细胞识别的抗原决定基。抗体具有两种截然不同的功能区分子：保持相对静态状态的稳定区(简称 C 区)；负责与不同的抗原结合的变化区(简称 V 区)。可变区通过体细胞高频变异重组 DNA 片段，实现对高度特异性的抗原决定基的识别。

(5) 亲和力。免疫系统中的免疫识别是基于抗体决定基和抗原决定基之间的形状互补[7]。发生免疫识别的抗体决定基和抗原决定基在结构上越互补，结合就越可能发生，结合的力度也就越强，这种结合的力度称为抗体与抗原之间的亲和力。当然，抗体与抗原在结构上不一定需要完全一致，但也必须在一定程度上匹配，然后通过体细胞高频变异等途径实现亲和力的成熟，达到与抗原的高度匹配。

生物机体在长期的进化过程中，形成了两种免疫机制：天然免疫和获得性免疫。天然免疫是机体天生就有的而且始终存在的防御机制。获得性免疫，也称特异性免疫，是机体与外来入侵性物质通过免疫作用之后获得的免疫。获得性免疫所具有的优良隐喻特性是人工免疫算法设计的思想来源。综合来讲，免疫系统主要有以下功能。

(1) 免疫识别。免疫系统的主要功能是对抗原刺激进行应答，而免疫应答又表现为免疫系统识别自己和排除非己的能力。对于免疫识别现象，最主要的体现就是细胞克隆学说。

（2）免疫应答。抗原性物质进入生物机体后激发免疫细胞活化、分化的过程称为免疫应答。免疫应答分两种类型：固有免疫应答和适应性免疫应答[8,9]。前者是指遇到病原体后，首先并迅速起防卫作用的应答；后者是指当 B 细胞抗体能识别抗原决定基时，通过克隆扩增和高频变异，实现对抗原决定基的高度特异识别。

（3）免疫耐受。免疫系统要正常工作，就必须能够区分自体细胞和非自体细胞。所谓免疫耐受是指免疫系统对自体抗原的不应答，也称为错误耐受。

（4）免疫记忆。免疫系统不仅能记忆已经出现的抗原，而且在相同或者相似的抗原再次出现时，作出快速反应，成功清除被识别的抗原。免疫记忆是免疫系统的重要特征，有助于加快二次免疫应答过程。

随着免疫学研究的深入，人类对免疫系统的机理的认识越来越了解，然而，由于免疫系统的复杂性，很多免疫系统的机理仍然有待进一步研究。从信息处理的角度看，生物免疫系统具有以下几个特征。这些优良特性都为设计人工免疫算法提供了思想来源[10,11]。

（1）多样性。多样性是生物免疫系统的重要特征之一。免疫学的初步研究表明，通过细胞的分裂和分化、体细胞的超变异、抗体的可变区和不变区的基因重组等方式，可产生大量的不同抗体来抵御各种抗原，从而使免疫抗体群具有丰富的多样性。

（2）适应性。免疫细胞通过学习的方式实现对特定抗原的识别。完成识别的抗体通过变异，增加了亲和度成熟的概率，并通过分化为记忆细胞，实现对抗原的有效清除和记忆信息保留，并且使最优个体以免疫记忆的形式得以保存，这是一个自适应的应答过程。

（3）学习性。免疫学习分为两类：免疫初次学习和免疫二次应答（强化学习）。在未知抗原的入侵下，免疫系统能够通过克隆选择等免疫操作，产生与未知抗原相匹配的抗体，并加以分类储存，并为二次应答做好准备。

（4）模式识别能力。虽然抗原种类纷繁复杂，并且还会变异和进化，但免疫系统依靠有限的抗体就能对几乎无限的抗原进行识别。免疫系统对自体与非自体、对抗原的识别能力表明免疫系统具有强大的模式识别能力。

此外，生物免疫系统还具有分布性、鲁棒性和反馈性等特点。

1.1.2　计算机免疫系统及其应用

计算机免疫系统是一门医学免疫学、生物信息学、计算机科学、人工智能、计算智能等学科的交叉学科。目前关于计算机免疫系统的主要定义如下[12-14]：计算机免疫系统由生物免疫系统启发而来的智能策略所组成，主要用于信息处理和问题求解；计算机免疫系统是一种由理论生物学启发而来的计算范式，它借鉴了一些免疫系统的功能、原理和模型并用于复杂问题的解决；计算机免疫系统是受免疫学启发，模拟免疫学功能、原理和模型来解决问题的复杂自适应系统；计算机免疫系统是研究借鉴、利用免疫系统(主要是人类免疫系统)各种原理和机制的各类信息处理技术、计算技术及其在工程和科学中应用而产生的各种智能系统的统称。总之，计算机免疫系统着眼于生物隐喻机制的应用，强调了免疫学机理和应用，主要用于解决实际工程中存在的问题。

目前，还没有关于计算机免疫系统一般通用的、完整的理论体系，即能够解释所有计算机免疫系统方法的理论。计算机免疫系统主要的研究过程是抽取免疫机制、设计模型或算法、实验验证或计算机仿真。目前，计算机免疫系统的研究主要集中在三个方面：计算机免疫模型的研究、计算机免疫算法的研究和计算机免疫算法在工程应用中的研究。

计算机免疫系统的研究在国内外迅速展开。在国外，Dasgusta、Forrest 等对计算机免疫系统进行了广泛研究，取得了一些突破性成果。在国内，计算机免疫系统也得到了相关研究者的广泛兴趣。哈尔滨工程大学的莫宏伟出版了国内第一部关于计算机免疫系统的专著[11]，并对计算机免疫系统的研究作了总结；西安电子科技大学的焦李成领导的团队，在免疫优化领域取得了很多原创性成果[12,13]；四川大学的李涛在基于免疫的计算机网络安全方面进行了很多有益的工作[4,14]；中国科技大学的王煦法和罗文坚团队在免疫硬件方面作了深入研究[15]；华中科技大学肖人彬、东华大学丁永生在免疫工程优化、免疫控制方面取得了很大进展[16,17]。此外，其他国内学者也对计算机免疫系统的发展作出了积极的贡献[18-20]。

目前，计算机免疫算法已经在函数优化、组合优化、模式识别、通信、网络、图像处理、数据挖掘等众多工程和科学领域中得到了广泛应用。

1.1.3　计算机免疫系统的主要算法

计算机免疫算法主要包括人工免疫网络模型、否定选择算法、克隆选择算法、危险理论模型等[11,16,17]。

(1)人工免疫网络模型。

人工免疫网络模型是借鉴各种免疫网络学说，如独特型网络、互联耦合免疫网络、免疫反馈网络和对称网络等建立起来的。人工免疫网络模型将人工免疫系统视为一个由节点组成的网络结构，通过节点之间的信息传递和相互作用，实现识别、效应、记忆等免疫系统功能。目前，人工免疫网络模型主要有独特型网络模型、互联耦合网络模型、资源受限人工免疫系统、多值网络模型和抗体网络模型等。其中，影响最大的两个模型是资源受限人工免疫系统和抗体网络模型。前者基于自然免疫系统的种群控制机制，控制种群的增长和算法终止条件，并成功用于 Fisher 花瓣问题。后者受独特型免疫调节网络的启发，通过进化机制来控制网络的动态性，模拟了免疫网络对抗原刺激的影响过程。这些模型具有自己非己识别、自修复等功能，为信息处理和计算提供了一种途径。将人工免疫系统与人工神经网络、进化算法等智能方法相结合，提出集成智能计算模型，是人工免疫系统模型的一个发展方向，其旨在充分利用各种方法的优点，能更有效地解决工程实际问题。

目前的免疫网络模型已经广泛地用于计算机网络，尤其是网络安全方面的研究工作。但这些应用多是思想上的，没有具体的实现算法。

(2)否定选择算法。

否定选择算法又称阴性(负)选择算法，是基于免疫系统中的阴性选择原理而设计的。该算法主要包括两个步骤：首先，产生一个检测器集合，其中每一个检测器与被保护的数据不匹配；其次，不断地将集合中的每一个检测器与被保护数据相比较，如果检测器与被保护数据相匹配，则判断数据发生了变化。该算法并没有直接利用自我信息，而是由自我集合通过阴性选择生成检测子集，具备并行性、分布式检测等优点。不同的研究者对此算法进行了研究，提出了不同的改进算法。否定选择算法为免疫在计算机安全领域的应用奠定了理论基础。目前，否定选择算法广泛应用于垃圾邮件检测、模式识别、病毒检测、入侵检测、异常检测等领域。

(3)克隆选择算法。

克隆选择算法是人工免疫系统的主要算法之一，其灵感来自生物获得性免疫的克隆选择原理。克隆选择算法已经在工程优化领域得到了广泛应用。这也是本书优化所使用的主要算法。

(4)危险理论模型。

从免疫学的观点看,有些进入人体的异体,免疫系统并没有对它产生响应攻击,如人体消化道内的有益细菌。而对人体有害的自体,如肿瘤,免疫系统会对它产生攻击。危险理论认为诱发机体免疫应答的关键因素是外来抗原产生的危险信号而不是异己性[21]。危险理论认为细胞的死亡分为凋亡和坏死。凋亡是正常的死亡过程,而坏死是异常的死亡过程,只有坏死才发出危险信号。危险理论模型并不要求清除每一种异己抗原,而是清除有害的抗原。对那些异己但无害的抗原采取耐受,即不处理。

英国诺丁汉大学的 Uwe Aickelin 开展了基于危险理论的信息安全方面的研究,首次提出了基于危险理论的异常检测系统。目前,基于危险理论的异常检测研究已经广泛展开,涌现出了各种研究成果。

1.1.4　量子免疫计算

量子计算具有并行性、指数级存储容量、指数加速特征等,展示了其强大的运算能力。目前,量子计算已经在通信、数据搜索等领域得到了成功应用。量子算法最本质的特征是利用了量子态的叠加性和相干性,以及量子比特之间的纠缠性,最主要的特点是其具有量子并行性[22,23]。

(1)状态的叠加。量子比特不仅可以处于 0 或 1 的两个状态之一,还可以处于两

个状态的任意叠加形式。一个 n 位的量子寄存器可处于 2^n 个基态的相干叠加态 $|\varphi>$ 中，即可以同时表示 2^n 个数。叠加态和基态的关系可表示为

$$|\varphi>=\sum_i c_i|\phi_i>$$

式中，c_i 为状态 $|\phi_i>$ 的概率幅，$|c_i|^2$ 表示 φ 坍塌到基态 $|\phi_i>$ 的概率，即对应结果为 i 的概率，因此有

$$\sum_i|c_i|^2=1$$

(2)状态的相干。量子计算的另一个主要原理就是构成叠加态的各个基态可以通过量子旋转门的作用发生干涉，从而改变其之间的相对相位。若量子系统 $|\varphi>$ 处于基态的线性叠加的状态，称系统是相干的。

(3)状态的纠缠。对于发生相互作用的两个子系统中所存在的一些状态，若不能表示成两个子系统态，就称为纠缠态。对处于纠缠态的量子位的某几位进行操作，不但会改变这些量子位的状态，而且会改变与它相纠缠的其他量子位的状态。量子计算能够充分实现，就是利用了量子态的纠缠性。

(4)量子并行性。量子态是通过量子门的作用进行进化。量子计算利用了量子信息的叠加和纠缠的性质，在使用相同时间和存储量的计算资源时，提供了巨大的收益。

目前，量子计算已经和神经网络、进化算法、模糊逻辑等进行了有效结合，获得了广泛的应用。量子计算智能结合了量子计算和智能计算各自的优势显示了强大的优化能力。量子免疫克隆算法基于量子计算的概念和理论，使用量子比特进行编码。这种概率幅表示可以使一个量子染色体同时表征多个状态的信息，带来丰富的种群，而且当且最优个体的信息能够很容易地用来引导变异，使得种群以大概率向着优良模式进化，加快算法收敛。量子克隆中用到的一些基本概念如下。

(1)量子比特。量子免疫克隆算法中，最小的信息单元为一个量子比特。一个量子比特的状态可以取 0 或 1，其状态可以表示为

$$|\psi>=\alpha|0>+\beta|1>$$

式中，α、β 代表相应状态出现概率的两个复数（$|\alpha|^2+|\beta|^2=1$），$|\alpha|^2$、$|\beta|^2$ 分别表示量子比特处于状态 0 和状态 1 的概率。

(2)量子编码。量子编码即使用一对复数表示一个量子比特位。一个具有 m 个量子比特位的系统可以描述为

$$\begin{bmatrix} \alpha_1 & \alpha_2 & \cdots & \alpha_m \\ \beta_1 & \beta_2 & \cdots & \beta_m \end{bmatrix}$$

式中，$|\alpha_i|^2+|\beta_i|^2=1$ $(i=1,2,\cdots,m)$。这种表示可以表征任意的线性叠加态。

1.1.5　混沌免疫优化

混沌是非线性系统的本质特征，具有随机性、遍历性、规律性等一系列的特殊性质[24]。在进化计算中，混沌是一种在搜索过程中避免陷入局部最优的一种机制。基于混沌理论的相关优化方法，主要是利用混沌系列的遍历性、随机性、规律性来搜索、寻找问题的最优解。

Logistic 映射

$$x_{n+1} = \mu x_n(1-x_n), \quad n = 0,1,2,\cdots$$

是一个典型的混沌系统。式中，μ 为控制变量。已有研究表明，当 $\mu = 4$ 时，系统呈现出混沌状态，遍历范围加大。

本书中，使用混沌优化初始化种群，保证初始种群的遍历性，并在解的搜索过程中，使用混沌优化，避免陷入局部最优解。

1.2　克隆选择算法

1.2.1　基本免疫克隆优化算法

克隆选择算法是人工免疫系统的主要算法之一，其灵感来自生物获得性免疫的克隆选择原理[25-27]。克隆选择算法已经在工程优化领域得到了广泛应用。本节主要介绍克隆选择算法及其基本理论。

克隆选择原理的基本思想是：只有那些能够识别抗原的细胞才能进行扩增，并被免疫系统选择并保留下来，而那些不能识别抗原的细胞则不会被选择和扩增。克隆选择与达尔文进化和自然选择过程类似，只是应用于细胞群体。克隆过程中，抗体竞争结合抗原，亲和力最高的是最适应的抗体，因此复制得最多。

免疫系统中大量抗体的多样性是其能够识别抗原，并保护机体安全的关键。免疫系统中的克隆也是自适应的，同时表现出一种变异机制。在克隆过程中，抗体的可变区会发生高频变异，可能产生对抗原具有更高亲和力的抗体。当抗体对抗原的亲和力较高时，B 细胞开始复制并分化出大量的浆细胞，浆细胞将会分泌大量的抗体和带有抗体的免疫记忆细胞。记忆细胞不分泌抗体，且一般处于休眠状态，只有受到相同的抗原再次刺激后才会迅速分化成浆细胞。

克隆扩增是指少数与抗原具有较高亲和力的 B 细胞通过分裂产生大量相同的 B 细胞[28]。当 B 细胞克隆扩增时，经历一个自我复制和超变异的随机过程，为抵制类似但不同的外来抗原的再次入侵做好准备。体细胞高频变异是克隆扩增期间的重要变异形式，对抗体的多样性起重要作用。其实质是抗体可变区的 DNA 基因片段重新排列，从而形成了一种新的抗体。在克隆扩增过程之中，同时也会产生一定数量的自由抗体

(随机生成抗体)来保证免疫系统的多样性，以应对那些可能从未碰到过的病原体。变异后的 B 细胞具有不同于父代的抗体决定基，因此就会有不同的亲和力。同时也可以依靠亲和力来调节高频变异过程，使亲和力低的细胞进一步变异，而亲和力高的细胞不再进行高频变异。

克隆选择算法是借鉴克隆选择学说发展起来的仿生算法，其灵感来自生物获得性免疫的克隆选择原理。

基本克隆选择算法描述如下。

(1)随机生成候选解集 C。C 由记忆单元 M 和保留种群 Pr 组成，即：$C = M + \text{Pr}$。初始 Pr 随机生成，$M = 0$。

(2)根据亲和度测量值，选择亲和度最高的 n 个个体 $P_{\text{best}n}$。

(3)克隆选出的 n 个最佳个体，生产一个克隆临时种群 T，其中，每个选中个体的克隆规模与抗体-抗原之间的亲和度呈正比。

(4)对克隆临时种群 T 进行高频变异，获得一个变异后的抗体群 T^*。

(5)从 T^* 中重新选择改进的个体组成记忆单元 M，并将其添加到候选解集中，从而产生下一代候选解 C。

(6)为了增加抗体多样性，利用随机新产生的抗体代替 d 个亲和度低的抗体。

基本克隆选择算法充分利用了免疫系统的多样性机制，具有优越的全局寻优能力。基于基本克隆选择算法，不同的研究者提出了不同的改进算法，用于解决不同的应用问题。

免疫克隆选择算法中，抗原对应优化问题的目标函数，抗体对应于优化问题的可能解。与一般的确定性优化算法相比，其有如下特点。

(1)同时搜索解空间中的一系列点，而不是一个点。

(2)处理采用对象表示的待求解参数的编码串，而不是参数本身。

(3)使用目标函数本身，而不需要其导数或者其他附加信息。

(4)变化规则是随机的，而不是确定的。

免疫克隆算法与进化算法有很多相同之处，但也有很多不同。免疫算法是模拟生物免疫系统的机制解决有关工程问题，进化算法是受达尔文自然进化理论启发。免疫算法和进化计算都采用群体搜索策略，并且强调群体中个体间的信息交换，因此有许多相似之处。

首先在算法结构上，都要经过"初始种群产生——评价标准计算——种群间个体信息交换——新种群产生"的循环过程，最终以较大概率获得问题的优化解；其次在功能上，二者本质上具有并行性，在搜索中不易陷入极小值，都有与其他智能算法结合的天然优势；最后，在主要算子应用上也基本相同。

但是，它们之间也存在区别，主要体现在以下几个方面。

(1)在记忆单元上运行，保证了算法快速收敛于全局最优解；而进化算法只是基于父代群体，标准遗传算法并不能保证概率收敛。

(2)亲和度的计算(包括抗体-抗体亲和度和抗体-抗原亲和度),提高了进化种群的个体多样性,反映了真实的免疫系统的多样性;而进化算法则是简单计算个体的适应度。

(3)通过促进或抑制抗体的产生,实现进化过程自我调节,体现了免疫系统自我调节的功能,保证了个体的多样性;而进化算法只是根据适应度选择父代个体,并没有对个体多样性进行调节。

(4)虽然交叉变异等操作在免疫算法中广泛使用,但免疫算法还可以通过克隆选择、免疫记忆等传统进化中没有的机制来产生。

(5)在具体的算法实现中,进化算法更多强调全局搜索,而忽视局部搜索,而克隆选择算法二者兼顾,并且由于克隆算子的作用,因而有更好的种群多样性。

(6)进化算法更多强调个体竞争,较少关注种群间的协作,而克隆选择算法不仅强调抗体群的适应度函数变化,也关心抗体间的相互作用而导致的多样性变化,提出了抗体-抗体亲和度的概念。

(7)一般进化算法中,交叉是主要算子,变异是背景算子,而克隆选择算法刚刚相反。

此外,免疫克隆选择中的非达尔文效应,如拉马克学习和 Baldwin 学习机制也值得研究。拉马克认为,子代可以从父代中的进化中获得更好适应环境的经验,只是这种经验可能不是通过基因遗传的。因此,生物种群的进化,实际上包括了基于 DNA 的生物进化和基于社会文化学的经验进化。

Baldwin 机制揭示了一种个体学习可以影响进化速度的间接机制,不同于拉马克,Baldwin 效应认为学习不能改变基因型,而主要体现在对进化算法适应度函数的改变上。总之,关注非达尔文进化机制在免疫克隆选择计算中的作用,应该成为免疫算法区别进化算法研究的特点之一。

1.2.2 免疫克隆形态空间理论

受启发于克隆选择学说,可以将免疫系统机理与克隆选择算法的对应关系总结如表 1.1 所示[29]。

表 1.1 生物抗体克隆选择学说与克隆算子的对应关系

生物抗体克隆选择学说	克隆算子中的作用
克隆(无性繁殖)	克隆(复制)
抗体	候选解
抗原	问题的优化目标(目标函数)及其约束条件
抗体-抗体亲和度	解空间中两个解之间的距离
抗体-抗原亲和度	解所对应的亲和度函数值(目标函数值)
记忆细胞、血浆细胞	解集合

根据前面所介绍的免疫机理，本书所采用的人工免疫优化算法跟免疫系统机理的关系如表 1.2 所示。

表 1.2 免疫系统机理与本书免疫算法的对应关系

免疫系统		免疫算法	
原理	工作机制	免疫操作	免疫操作的含义
克隆选择原理	克隆选择	克隆选择	抗原亲和力较高的抗体被选出
	细胞分化繁殖	克隆	被选中的抗体以一定数目进行克隆
	记忆细胞获取	记忆细胞池	选择与抗原匹配最高的抗体更新记忆细胞池
	抗体进化	高频变异	抗体以一定概率进行突变
形态空间理论	分子的泛化形态	编码机制	抗体以二进制或实数形式表示
	抗体对抗原的识别	亲和力度量	计算抗体与抗原间的亲和力
独特型理论	克隆抑制	克隆抑制	浓度高及亲和力低的抗体被清除
	动态平衡维持	产生新成员	随机产生自我抗体加入抗体群

假定抗体的泛化形态用 $Ab=<Ab_1, Ab_2, \cdots, Ab_n>$ 表示，抗原的泛化形态用 $Ag=<Ag_1, Ag_2, \cdots, Ag_n>$ 表示。免疫形态空间描述抗原和抗体分子间的结合程度以及它们之间的相互作用，包括抗体的编码机制、亲和力度量等[28,29]。

(1) 自体与非自体。免疫系统保护机体免受外部入侵抗原的侵袭，能够识别外来分子或细胞。免疫系统面临的主要问题就是如何定义自体、非自体。

(2) 抗体与抗原的编码机制。在形态空间中，抗原与抗体的识别、抗体的进化是通过合适的编码机制来实现的。目前，抗体与抗原的编码方式主要有二进制编码、整数编码、实数编码、灰度编码等。在采用人工免疫算法解决具体问题时，抗原与抗体采用何种编码方式，目前还没有具体的理论指导，一般需要结合具体的问题而定。同时每种编码都有自己的优缺点。因此，如何将问题所对应的抗原、抗体进行编码是采用人工免疫算法求解需要考虑的一个重要问题。每种编码方式都有其特定的应用领域。如二进制编码，其优点在于编码、解码操作简单，交叉、变异等操作便于实现；其缺点在于不能较直观地反映所求问题的特定知识；实数编码对于函数优化最为有效；整数和符号形态空间对于组合优化问题最为有效。

此外，关于编码机制，应该满足以下几条原则。

① 非冗余性。从编码到解的映射应该是一对一的，确保在产生后代时，不会进行无价值的操作。

② 合法性。编码的任意排列都可以解析为问题的一个解。

③ 完备性。任意解都对应一个编码，保证解空间任意点都是可达的。

(3) 亲和力度量。在形态空间中，抗体与抗原之间只需大致匹配就可以，因而用少量的抗体可以识别数量众多的抗原。如何计算抗原与抗体之间的相互作用，即抗原与抗体之间亲和力的度量是一个关键技术。基于形态空间和编码机制的不同，其亲和力的度量方式也不一样，具体采用何种方式进行度量，必须根据实际要求解的问题，分别对待。

将人工免疫算法用于解决实际问题时，一般包括以下一些步骤。

(1)问题描述，设计合适的形态空间。首先，描述要解决的问题，确立免疫系统的所有元素，包括变量、常量、参数等。所确定的元素必须能够恰当地描述和解决问题。同时，确定亲和度函数和初始抗体产生方式等。

(2)选择免疫原理。将所描述的问题和要使用的免疫原理结合起来，设计模型、算法和过程。同时，根据要解决的实际问题，对算法进行一定的改变和优化，生成新的免疫算法。

(3)将免疫系统映射到实际问题。根据计算机的运行结果，给出解释，映射到最初的实际问题中。

1.3 否定选择算法

生物免疫系统保护了生物体免受非自体抗原的入侵和干扰，能够有效识别出非自体，然后从生物体内消除这些非自体，同时也能对自体变异成非自体进行处理。生物免疫系统要正常运行就必须要定义自体和非自体，并能进行识别，也就是自己/非己识别问题[30]。

否定选择机制是淋巴细胞的成熟过程中一个非常重要的机制。否定选择实现了检测器对自体细胞的免疫耐受。T淋巴细胞在胸腺中经历了否定选择的耐受过程。当未成熟的T淋巴细胞表面的检测器能够识别MHC分子或者自体细胞物质的情况时，未成熟的T淋巴细胞就会以自杀或者由基因负责调节控制其主动死亡方式结束自己，也就是说能够识别出自体物质的T淋巴细胞就会被自动清除，而那些不能识别自体的T淋巴细胞就会存活下来，这就是T淋巴细胞的否定选择的成熟过程。经过了自体耐受过程后的T淋巴细胞就会进入体内随着血液进行循环，它就能够检测识别出非自体物质，使免疫功能能够正常发挥效果。

否定选择算法是受到免疫系统中T细胞产生机理的启发提出的一类人工免疫算法，模拟了人体成熟的免疫细胞在胸腺中耐受的过程，通过生成成熟的检测器来有效检测自体和非自体，能够很好地应用于网络异常的检测[31]。

否定选择算法将一个系统的状态空间划分为自体空间和非自体空间，通过随机产生大量的具有甄别功能的待选检测器，让这些待选检测器和自体状态空间中每一个自体状态进行对自体学习训练，能够与自体状态产生吻合一致的待选检测器将会被删除或者抛弃，只有那些能够对所有自体状态没有反应的待选检测器才能被保留下来，并成为成熟的检测器，才能参与最后的检测阶段。

否定选择算法的两个关键阶段就是自体学习训练过程和对实际问题的检测。自体学习训练阶段将会产生用于检测实际问题的成熟的检测器，学习了T淋巴细胞在胸腺中对自体学习训练的检查过程；检测阶段就是最后得出结论的阶段，将产生的成熟的检测器用于识别自己和非己。

　　用否定选择算法对候选检测器进行选择之前，需要定义自体集合和非自体集合。自体集合是整个系统环境中正常状态的集合，包含了所要保护的数据或是被检测的对象。总的来说，自我状态样本会相对均匀分布在自我状态空间中，学习训练的过程就是产生成熟的检测器集合的过程。算法能够随机产生大量的待选检测器，但是不敢保证它不与自己正常的物质发生反应。所以需要与自体状态集进行匹配训练过程，其中不和任意自体状态集中的任何一个自体状态样本发生吻合的待选检测器就会长大变成成熟的检测器，待选检测器只要与其中一个自体状态样本发生吻合一致将会被抛弃。最后所有经过学习训练的成熟的检测器就构成了成熟检测器集合。所以一个良好的成熟检测器集的产生算法是否定选择算法的精髓所在。经过学习训练的成熟检测器集生成过程如图 1.1 所示。

　　经过上面的步骤得到了检测器集后，即可用来解决实际应用问题检测在一个未知的状态空间是否有不属于正常状态的情况。将一个需要被检测未知状态空间集合和经过训练得到的检测器集中的每个检测器一一进行匹配，吻合一致就认为它是一个非自体异常状态，否则，就认为它是一个自体正常状态。整个过程再现了生物免疫系统中 T 淋巴细胞对不属于自己的抗原物质的甄别检测过程。否定选择算法的最终目的就是为了能够用最快的时间得到最好的成熟检测器集合，用成熟检测器集合检测一个我们需要解决的实际问题。实际问题相应的检测过程大致如图 1.2 所示[32]。

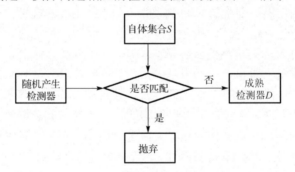

图 1.1　成熟检测器集产生过程

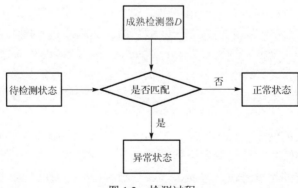

图 1.2　检测过程

否定选择算法具体步骤如下。

(1)随机产生大量的候选检测器。

(2)计算候选检测器与每一个自体元素之间的亲和力,一旦某个亲和力达到规定阈值,就认为该检测器为无效检测器,将其删除;否则认为该检测器为成熟检测器,将其加入检测器集合。

(3)用生成的成熟检测器来检测被检测信号,确定被检测信号是否正常。

1.4 危 险 理 论

随着免疫学研究的进一步发展,人们发现传统的免疫否定选择算法在很多方面能够很好地解释免疫现象,但仍有许多情况用这种观点解释不通。因此,研究者提出了一种新的观点——危险模式,是对免疫应答的一种全新的认识方式。

危险理论认为是否是非自体抗原与机体进行免疫应答无关,真正原因在于机体中存在的危险信号,当危险信号达到一定强度的时候就会促使机体进行免疫应答。危险理论并没有对传统免疫理论完全否定,而是对其进行了一定的补充。它指出当被检测抗原对机体细胞造成伤害的时候,这些机体细胞就会发出危险信号,抗原提呈细胞就会搜集这些信号,并将其提呈给免疫细胞,进而激活免疫应答清除该抗原[33]。

危险理论指出 APCs(抗原提呈细胞)将危险信号作为报警器来激活自身,这些被激活的 APCs 能为 T 辅助细胞提供必需的协同刺激信号来控制适应性免疫应答。一旦身体的正常细胞遭到病原体的入侵就会产生危险信号。这些危险信号由专门的固有性树突状细胞来进行检测,树突状细胞一共包含:未成熟、半成熟和成熟三种状态,不同的状态承担不同的工作任务同时也代表了危险信号安全程度。如果树突状细胞处于未成熟状态,它将从所处的环境中收集抗原和危险信号,树突状细胞能够整合这些信号来判断当前所处的环境是安全的还是危险的。如果是安全的,树突状细胞将转化为半成熟状态并提呈抗原给 T 细胞,从而引起 T 细胞的耐受。如果是危险的,树突细胞将转化为成熟状态并使 T 细胞对提呈的抗原进行响应。

免疫危险理论认为,激活 APC 的主要原因是受到破坏的细胞所散发的危险信号,而 APC 又是接收危险信号、产生共同刺激信号、激活适应性免疫系统和处理危险信号的核心部件。这就是免疫危险理论研究的核心。

危险理论从空间上摆脱了否定选择理论的束缚,对免疫学中的"谁引起免疫响应"这一关键性问题提出了新的解释,同时也解释了诸如怀孕、体内癌变等许多否定选择理论难以说明的生理现象[34]。

从表面上看,危险理论和否定选择理论一样,存在着"危险"和"非危险"划分的二分类问题,仿佛也只是将"自我"和"非我"的划分换了一种说法而已,并无本质区别。实质上,危险理论就是去感知系统中存在的"危险",这里的"危险"是一个动态的概念，是所有对系统产生威胁因素的总称，随着外部环境的改变和免疫系统自身免疫能力的增强，危险的范围也会随之发生变化，危险的定义是一个典型的不确定性问题。因此，危险理论是以系统状态为中心，只关注那些使系统感觉不舒服的各种异常变化，而忽视其他静态抗原。这一方面有效地降低了问题空间的复杂度，提高了危险理论的效率，另一方面，这种对危险的定义方式更加具有动态性、开放性和智能性，更加符合机体免疫系统的工作方式。

目前该理论并不完善，但含有潜在的、有意义的思想，在网络安全领域很值得借鉴。

1.5　优化问题建模

现实生活中的很多问题，如网络资源分配问题，这些问题经过建模都是最优化问题。对于优化问题，一般可粗略分为单目标优化和多目标优化。其中，只有一个目标函数的最优化问题称为单目标优化问题，目标函数超过一个且需要同时处理的最优化问题称为多目标优化问题[34,35]。

1.5.1　单目标优化问题

单目标优化问题是优化目标只有一个。不失一般性，单目标优化问题可以表示为[30]

$$\min \ f(x)$$
$$\text{s.t.} \ g_i(x) \leq 0, \quad i = 1, 2, \cdots, q$$
$$h_i(x) = 0, \quad j = 1, 2, \cdots, p$$

式中，$f(x)$ 称为目标函数，$g_i(x) \leq 0$，$i = 1, 2, \cdots, q$ 为不等式约束，$h_i(x) = 0$，$j = 1, 2, \cdots, p$ 为等式约束。所有满足约束条件的向量 x 称为可行解，全体可行解的集合称为可行解集。其中，使目标函数取最小值的过程即为最优化的求解过程。

1.5.2　多目标优化问题

单目标优化问题可以求得其最优解。对于多目标优化问题，需要同时优化多个目标，而这些目标往往是不可比较的，甚至是相互冲突的，一个目标的改善可能引起另外一个目标性能的降低[31]。因此，对多目标优化问题，一个解可能对某个目标来说是较好的，但对于其他目标来说，可能是较差的。与单目标优化问题相比，多目标优化问题不存在唯一的最优解，所以，必须求得其折中解，称为 Pateto 最优解集或者非支配解集。Pateto 最优解集合中的解对应的目标函数值组成的集合称为 Pateto 前端。Pateto 最优解就是指不存在比其中至少一个目标好而比其他目标不劣的更好的解，也就是说，不可能通过优化其中部分目标而其他目标不劣化。Pateto 最优解集中的元素就所有目标而言是不可比较的[32,33]。因此，对决策者来说，希望求出多目标优化问题的 Pateto 最优解集，根据 Pateto 前端的分布情况进行决策。

一个具有 n 个决策变量、m 个目标函数的多目标优化问题可表达为

$$\min y = F(x) = (f_1(x), f_2(x), \cdots, f_m(x))$$
$$\text{s.t. } g_i(x) \leqslant 0, \quad i = 1, 2, \cdots, q$$
$$h_i(x) = 0, \quad j = 1, 2, \cdots, p$$
$$x = (x_1, x_2, \cdots, x_n) \in X \in \mathbf{R}^n$$
$$y = (y_1, y_2, \cdots, y_n) \in Y \in \mathbf{R}^m$$

式中，$x = (x_1, x_2, \cdots, x_n) \in X \in \mathbf{R}^n$ 称为决策变量，X 是 n 维的决策空间，$y = (y_1, y_2, \cdots, y_n) \in Y \in \mathbf{R}^m$ 称为目标函数，Y 是 m 维的目标空间。目标函数定义了同时需要优化的 m 个目标。$g_i(x) \leqslant 0$，$i = 1, 2, \cdots, q$ 定义了不等式约束；$h_i(x) = 0$，$j = 1, 2, \cdots, p$ 定义了等式约束。对于多目标优化问题，给出如下几个定义。

(1) 可行解。对于 $x \in X$，如果 x 满足约束条件 $g_i(x) \leqslant 0$，$i = 1, 2, \cdots, q$，$h_i(x) = 0$，$j = 1, 2, \cdots, p$，则称 x 为可行解。

(2) 可行解集合。由 X 中所有的可行解组成的集合称为可行解集合，记为 $X_f(X_f \subseteq X)$。

(3) Pateto 占优。对于给定的两点 $x, x^* \in X_f$，x^* 是 Pateto 占优的(非支配的)，当且仅当下式成立，记为 $x^* \succ x$。

$$(\forall i \in \{1, 2, \cdots, m\} : f_i(x^*) \leqslant f_i(x)) \wedge (\exists k \in \{1, 2, \cdots, m\} : f_i(x^*) < f_i(x))$$

(4) Pateto 最优解。一个解 $x^* \in X_f$ 称为 Pateto 最优解，当且仅当满足如下条件：

$$\neg \exists x \in X_f : x \succ x^*$$

(5) Pateto 最优解集。所有 Pateto 最优解组成的集合 P_s 称为 Pateto 最优解集，定义如下：

$$P_s = \{x^* \mid \neg \exists x \in X_f : x \succ x^*\}$$

(6) Pateto 前端。Pateto 最优解集合 P_s 中的解对应的目标函数值组成的集合 P_F 称为 Pateto 前端。

一般来说，设计多目标优化算法，应该注意以下几个方面。

(1) 所得的最优解与最优 Pateto 前端应尽可能接近。

(2) 所得的最优解在 Pateto 前端尽可能均匀分布。

(3) 所得的最优解要尽可能宽广地分布在 Pateto 前端。

(4) 算法应该具有较快的收敛速度。

1.5.3　约束处理技术

现实中的很多问题,包括本书研究的各种资源优化问题,经建模后都为约束优化问题。即问题的求解必须在满足可行性的前提下进行。如何对约束条件进行有效处理,是求解约束优化问题的一个关键技术。智能约束处理技术包括罚函数法、基于排序的方法、基于多目标的方法、特殊算子法、修正技术及混合策略等。

(1)罚函数法。罚函数法是最常用的约束处理技术,本质是将问题转化为无约束问题,其原理简单,实现方便,对问题本身没有苛刻要求。罚函数法就是将目标函数和约束同时综合为一个罚函数。具体而言,罚函数法包括定常罚函数、动态罚函数、自适应罚函数等。罚函数法的缺点在于罚因子的选取非常困难。

(2)基于排序的方法。基于排序的约束处理技术不再进行无约束化处理中,而是通过综合考虑目标函数值和约束违反的程度来对不同候选解进行比较。排序策略有随机排序等。

(3)基于多目标的方法。基于多目标的约束处理技术就是把目标函数和约束函数当作并列的多个目标来处理。通过采用非支配解的概念来比较解,其中非支配解集中第一个目标函数值最小且其余目标值均等于 0 的解就是原约束优化问题的最优解。

(4)特殊算子法。为了保证新个体的可行性,这类约束处理技术通过采用专门的解的表示方法以及特殊的搜索算子使得搜索总在可行域内进行。该类算法对某些特定问题的优化效果很高,但明显缺乏通用性,对不同的问题需要设计不同的编码机制和搜索算子。此外,该类方法必须保证初始解的可行性。

(5)修正技术。对不可行解进行修正的方法是在进化过程中通过修正技术对产生的新个体进行修正,使其成为可行解,然后进行评价和进化。

(6)混合策略。由于约束问题的复杂性和多样性,采用单一的约束处理技术往往难以奏效。因此,可以根据问题本身,设计具有自适应机制和混合机制的高效约束处理技术。

1.5.4　优化问题的求解方法

一般来说,最优化问题的可行解数目巨大,从中找到针对某项性能指标最优的解非常困难,不可能通过遍历所有可行解来寻找,因此,需要借助某种算法来获取问题的最优或次优解。求解算法可分为精确算法和启发式算法。精确算法采用传统的最优化技术,如数学规划方法来获得问题的最优解。启发式算法又称为近似算法,可在短时间内得到问题的最优解或次优解,但不能保证解的最优性[34,35]。

(1)数学优化方法。

对于凸优化问题,有一套非常完备的求解算法。如果将某个最优化问题确认或者转化为凸优化问题,那么能够快速给出最优解。但现实生活中的很多问题,往往为非凸优化问题，具有 NP-hard 特性。传统的数学优化方法包括分支定界法、对偶理论等，使用此类方法求解时，一般是将问题建模为整数规划或者混合整数规划问题，然后采用分支定界算法、动态规划方法等来获得最优解。由于问题的 NP-hard 特性，算法的计算时间将随着问题的规模成指数增长。因此，当问题规模较大时，算法的时间将过长，在工程应用中将难以接受。

拉格朗日松弛方法和分解方法可降低规划方法求解所用的时间，但只能得到问题的近似解，因此，属于启发式算法。拉格朗日松弛方法采用一个拉格朗日乘子对约束条件进行松弛；分解方法把原问题分解为一系列小规模问题，然后再分别求解。

(2) 计算智能方法。

由于在工程应用中，往往不要求解的最优性，只需得到问题的次优解或满意解。计算智能方法对此类问题有好的求解效果，在无线通信网络资源优化中得到了广泛的应用，如进化算法、粒子群算法、模拟退火算法等。

1.6　本　章　小　结

本章主要介绍了生物免疫系统及人工免疫系统的映射关系，人工免疫算法的基本特点和求解步骤，特别重点介绍了免疫克隆算法、否定选择算法、危险理论模型等的基本原理和思想，为其在相关领域的应用奠定了基础。

参 考 文 献

[1] 张军, 詹志辉. 计算智能. 北京: 清华大学出版社, 2009.

[2] 左兴权, 莫宏伟. 免疫调度原理与应用. 北京: 科学出版社, 2013.

[3] 莫宏伟, 左兴权. 人工免疫系统. 北京: 科学出版社, 2009.

[4] 李涛. 计算机免疫学. 北京: 电子工业出版社, 2004.

[5] 肖人彬, 曹鹏彬, 刘勇. 工程免疫计算. 北京: 科学出版社, 2007.

[6] Dasgupta D, Saha S. Password security through negative filtering. Proceedings of International Conference on Emerging Security Technologies (EST), Canterbury, 2010: 83-89.

[7] Yu S H, Dasgupta D. An empirical study of conserved self pattern recognition algorithm by comparing to other one-class classifiers and evaluating with various random number generators. World Congress on Nature and Biologically Inspired Computing (NaBIC'09), Coimbatore, 2009: 403-408.

[8] Dasgupta D, Saha S. A biologically inspired password authentication system. ACM Proceedings of 5th Cyber Security and Information Intelligence Research Workshop (CSIIRW), Oak Ridge National Lab, Oak Ridge, 2009: 1-4.

[9] Yu S H, Dasgupta D. Conserved self pattern recognition algorithm with novel detection strategy

applied to breast cancer diagnosis. Journal of Artificial Evolution and Applications, 2009, 65(3):312-328.

[10] Ji Z, Dasgupta D. V-detector: An efficient negative selection algorithm with probably adequate detector coverage. Information Sciences, 2009, 179(10): 1390-1406.

[11] 莫宏伟. 人工免疫系统原理及其应用. 哈尔滨: 哈尔滨工业大学出版社, 2003.

[12] 焦李成, 杜海峰, 刘芳. 免疫优化、计算学习与识别. 北京: 科学出版社, 2006.

[13] 焦李成, 公茂果, 尚荣华, 等. 多目标优化免疫算法、理论与应用. 北京: 科学出版社, 2010.

[14] 李涛. 基于免疫的计算机病毒动态检测模型. 中国科学 F 辑: 信息科学, 2009, 39(4): 422-430.

[15] 何申, 罗文坚, 王煦法. 一种检测器长度可变的非选择算法. 软件学报, 2007, 18(6): 1361-1368.

[16] 肖人彬, 曹鹏彬, 刘勇. 工程免疫计算. 北京: 科学出版社, 2007.

[17] 陈光柱. 产品免疫概念设计理论与应用. 北京: 科学出版社, 2009.

[18] 孟宪福, 解文利. 基于免疫算法多目标约束 P2P 任务调度策略研究. 电子学报, 2011, 39(1): 101-107.

[19] Castro L N, Zuben F J. Learning and optimization using the clonal selection principle. IEEE Transactions on Evolutionary Computation, 2002, 6(3): 239-251.

[20] Castro L N, Timimis J A. Immune Systems: A New Computational Intelligence Approach. Berlin: Springer, 2002.

[21] Papadogiannakis A, Vasiliadis G, Antoniades D, et al. Improving the performance of passive network monitoring applications with memory locality enhancements. Computer Communications, 2012, 35(1): 129-140.

[22] 李士勇, 李盼池. 量子计算与量子优化算法. 哈尔滨: 哈尔滨工业大学出版社, 2009.

[23] Lin S W, Ying K C, Lee C Y, et al. An intelligent algorithm with feature selection and decision rules applied to anomaly intrusion detection. Applied Soft Computing, 2012, 12(10): 3285-3290.

[24] Hoque M S, Mukit M, Bikas M, et al. An implementation of intrusion detection system using genetic algorithm. International Journal of Network Security & Its Applications, 2012, 4(2): 109-120.

[25] Hofmeyr S, Moore T, Forrest S, et al. Modeling Internet-Scale Policies for Cleaning up Malware. Economics of Information Security and Privacy III. Berlin: Springer, 2013: 149-170.

[26] Allen L V, Tilbury D M. Anomaly detection using model generation for event-based systems without a preexisting formal model. IEEE Transactions on Systems, Man and Cybernetics, Part A: Systems and Humans, 2012, 42(3): 654-668.

[27] Arshad J, Townend P, Xu J. An automatic intrusion diagnosis approach for clouds. International Journal of Automation and Computing, 2011, 8(3): 286-296.

[28] Choi Y H, Jung M Y, Seo S W. A fast pattern matching algorithm with multi-byte search unit for high-speed network security. Computer Communications, 2011, 34(14): 1750-1763.

[29] 陈岳兵, 冯超, 张权, 等. 基于 DCA 的数据融合方法研究. 信号处理, 2011, 27(1): 102-108.

[30] Mailloux L O, Grimaila M R, Hodson D D, et al. Performance evaluations of quantum key distribution system architectures. IEEE Security & Privacy, 2015, 13(1): 30-40.

[31]　倪建成, 李志蜀, 孙继荣, 等. 树突状细胞分化模型在人工免疫系统中的应用研究. 电子学报, 2008, 36(11): 2210-2215.

[32]　Gorbenko A, Popov V. Self-learning Algorithm for Visual Recognition and Object Categorization for Autonomous Mobile Robots. Computer, Informatics, Cybernetics and Applications. Netherlands: Springer, 2012: 1289-1295.

[33]　陈岳兵, 冯超, 张权, 等. 面向入侵检测的集成人工免疫系统. 通信学报, 2012, 33(2): 12-17.

[34]　陈宝林. 最优化理论与算法. 北京: 清华大学出版社, 2011.

[35]　施光燕, 钱伟懿, 庞丽萍. 最优化方法. 北京: 高等教育出版社, 2011.

第2章　基于免疫优化的认知无线网络频谱分配

2.1　概　　述

目前，随着无线通信业务的持续增长，无线频谱资源越发紧缺，导致新业务开展困难。现有的频谱管理体制将频谱分配给注册的授权用户，无论授权用户使用与否，非授权用户均不能使用该频段。而美国联邦通信委员会(Federal Communications Commission, FCC)的研究报告表明，已有授权用户对频谱的占用率并不高[1]。为了提高对有限的无线频谱资源的利用率，在下一代网络中(也称认知网络)中，提出了动态频谱共享机制。在认知无线网络中，次用户(也称非授权用户、认知用户)可以在主用户(也称授权用户)许可的情况下，通过对频谱使用状况的实时感知，在不干扰主用户通信的前提下，动态接入主用户的空闲频段(频谱空穴)，从而最大限度地利用频谱资源，提高频谱使用效率。因此，认知无线网络的动态频谱感知和分配技术已经成为业界关注的热点之一[1]。

根据认知无线网络组网架构、频谱接入等技术的不同，现有的频谱分配方法主要包括博弈论[2-5]、拍卖理论[6-10]、图着色等[11-15]方法。由于基于图着色的解决方法具有较好的灵活性和适用性，得到了研究者的普遍关注。文献[11]提出了一种基于 List 着色的频谱分配算法，没有考虑频谱效益的差异性；文献[12]给出了频谱分配的图着色模型(color sensitive graph coloring, CSGC)，并对频谱分配的效益和公平性进行了较详尽的分析，但运算量较大；文献[13]在此基础上提出了一种并行图着色频谱分配算法，降低了运算量；文献[14]将遗传算法引入频谱分配，并证明了其可行性；文献[15]提出了基于量子遗传算法的频谱分配算法，提高了频谱分配效果。

频谱分配模型可以看作一个优化问题，同时其最优着色算法是一个 NP 难问题[12,14]。因此，此问题适合用智能方法求解。基于此，本书利用免疫克隆选择算法具有快速的收敛速度、较好的种群多样性以及避免早熟收敛的特性，提出了一种新的基于免疫克隆选择计算的认知无线网络频谱分配方法，并通过对比实验及基于无线区域网(wireless regional area network, WRAN)的系统级仿真，表明了本方法的优越性和有效性。

2.2　认知无线网络的频谱感知和分配模型

2.2.1　物理层频谱感知过程

认知无线网络中，物理层频谱感知算法的主要功能是通过监测主用户发射机的信号来判断通信范围内是否存在主用户, 从而确定空闲频谱。由于本书主要是解决感知到频谱后, 如何进行分配的问题, 所以, 结合 IEEE 802.22 的 WRAN 的特点, 对频谱的感知采用两阶段检测法[16]。

IEEE 802.22 标准使用固定的一点对多点无线空中接口, 它至少包括一个基站、一个或多个用户驻地设备。基站管理着整个小区和相关的所有用户终端。基站通过全向天线将信号发送给用户设备, 并根据接收到的反馈信息和自己的感知信息决策进一步的行动, 做出相应调整, 改变系统的相关工作参数(如发射功率、占用信道、编码方式等)以保护授权用户。WRAN 系统的最大覆盖范围为可达 100km。

IEEE 802.22 标准使用固定的一点对多点无线空中接口, 它至少包括一个基站、一个或多个用户驻地设备。WRAN 自动感知电视信道的空闲频谱, 工作于 54~862MHz VHF/UHF (扩展频率范围 47~910MHz) 频段中的 TV 信道, 可与电视等已有设备共存且不对电视业务产生干扰[17]。为了提高检测的精度和灵敏度, 感知过程采用两段式感知机制: 在快速感知阶段, 采用多分辨率频谱检测算法, 对整个宽频带范围进行灵活、可变的快速信号检测, 通常采用单一的感知方法(如能量检测、导频信号能量检测等), 迅速感知是否存在授权用户; 在精细感知阶段, 利用精细特征检测来捕获授权用户的详细信息。更详细的感知过程可参考文献[16]。

本章的主要研究内容是: 在感知到可用频谱后, 如何在满足一定的分配目标下, 将可用频谱在次用户间进行分配, 以达到收益最大。

2.2.2　物理连接模型及建模过程

假设在一个 $X \times Y$ 的区域中, 随机分布着 I 个主用户和 N 个次用户, 可用频谱划分为 M 个完全正交的频段, 次用户在满足频谱分配规则的前提下, 可以同时使用多个频谱, 各个频谱的性质相同。假设用户间的干扰由其地理位置上的相互距离决定, 各用户(包括主用户和次用户)使用全向天线。对于每个频谱, 主用户都对应一个覆盖区域, 这个区域是以主用户为圆心、以 $r_p(i,m)(i \in I, m \in M)$ 为覆盖半径的一个圆形区域。如果次用户在这个覆盖区域内使用与主用户相同的频谱, 将对主用户产生干扰, 导致传输失败。而对于次用户, 其在每个频谱上也有一个干扰区域, 这个干扰区域是以该次用户为圆心、以 $r_s(n,m)$ 为半径的一个圆形区域 $(n \in N)$, 次用户通过调整其功率(干扰半径), 避免与主用户冲突。只有主用户在某个频谱上的覆盖范围和次用户在该频谱上的干扰范围在地理上没有重叠的时候, 使用与主用户相同的频谱才不会对主用户产生干扰。同时, 如果两个次用户在某个频谱上的干扰区域出现重叠, 则它们也不能同时使用该频谱, 并定义这两个用户在该频谱上为邻居。这里假设所有的主用户和次用户都使用相同的功率, 所有主用户和次用户在各个信道上的覆盖区域大小分别相同, 具有相同的覆盖半径。

为了更好地描述系统, 图 2.1 给出一个 WRAN 使用暂时不用的电视频谱提供无线

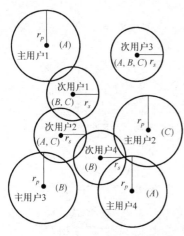

图 2.1　认知无线网络拓扑示意图

连接的示意图。区域中随机分布着 4 个主用户和 4 个次用户，系统中有 3 个可用广播频谱 (A,B,C)。这里，广播基站 $i(1<i<4)$ 是主用户，无线接入点 $n(1<n<4)$ 是次用户。每个主用户 i 占用一个信道 m，其保护范围是 $r_p(i,m)(m\in M)$，每一个次用户 n，$r_s(n,m)$ 是其干扰范围。只有满足 $r_s(n,m)+r_p(i,m)\leqslant d(n,i)$ 时，次用户与主用户使用相同的信道不会造成干扰。图 2.1 中括号里的数字对主用户来说，指的是其使用的频谱，对次用户来说是感知到的可用频谱(感知算法采用 1.1 节的算法)。从图 2.1 中可以看出，次用户 1 的干扰范围和主用户 1 的覆盖范围出现重叠，因此对于次用户 1 来说，只有频谱 B 和 C 是可用的；而次用户 3 因为其干扰范围与各主用户的覆盖范围均不重叠，故频谱 A、B、C 对其来说均可用，另外，次用户 1 和次用户 2 在频谱 C 上为邻居，其他表示类似。

在认知无线网络应用环境中，网络的拓扑结构会随着环境的变化而发生改变，其改变可以通过系统每个周期的检测报告获得。由于认知无线网络系统进行频谱分配的时间相对于频谱环境变化的时间很短，因此，假定一个检测周期内的系统拓扑结构不会发生改变。

2.2.3　频谱分配的图着色模型

根据认知无线网络的特点，其频谱分配必须考虑三方面的问题[10-12]：①次用户对主用户的干扰；②次用户相互之间的干扰；③认知无线网络系统的收益。在基于图着色的频谱分配模型中，将频谱分配给认知用户，相当于为图中节点着色。

具体建模过程如下：将某时刻感知到的网络拓扑转化为一个无向冲突图 $G=(V,S,E)$。$V=\{v_i\,|\,i=1,2,\cdots,n\}$ 是顶点集合，一个顶点代表认知无线网络中的一个认知用户；S 代表每个节点的颜色列表，即可用频谱；$E=\{e_{ij}\,|\,i,j=1,2,\cdots,n\}$ 是图中无向边的集合，$e_{ij}=0$ 表示顶点 i,j 不相连，其代表的认知用户可以使用同一频谱；相应地，$e_{ij}=1$ 表示顶点 i,j 之间有一条边相连，其代表的认知用户不能使用同一频谱，即它们相互冲突(由干扰约束范围决定)。因此，满足条件的有效频谱分配对应的着色条件可以描述为：当两个不同顶点间存在一条颜色为 m (频谱 m)的边时，这两个顶点不能同时着 m 色，即不能同时使用频谱 $m(m\in S)$。

由此可见，基于图着色理论的认知无线网络频谱分配模型与传统频谱分配模型的不同之处在于增加了对主用户干扰的考虑，同时也考虑了用户的可用频谱的空时差异性问题。

2.2.4　频谱分配矩阵

根据图着色分析，认知无线网络频谱分配模型可以建模为以下矩阵[11-13]：可用(空闲）频谱矩阵 L(Leisure)、效益矩阵 B(Benefit)、干扰矩阵 C(Constraint) 和无干扰分配矩阵 A(Allocation)。

假定共有 N 个次用户，认知无线网络感知到的可用频带数为 M，频带间相互正交。对各个矩阵进行如下定义。

定义 1　可用频谱矩阵 L。

可用频谱矩阵是指在某个空间、某个时间主用户不占用的频谱资源。一个频谱对次用户是否可用，采用可用频谱矩阵 L 表示，记作

$$L=\left\{l_{n,m} \mid l_{n,m} \in \{0,1\}\right\}_{N\times M}$$

式中，$l_{n,m}=1$ 表示次用户 $n(1\leqslant n\leqslant N)$ 可以使用频谱 $m(1\leqslant m\leqslant M)$，$l_{n,m}=0$ 表示次用户 n 不能使用频谱 m。

定义 2　效益矩阵 B。

不同的次用户由于所处的环境和采用的发射功率等技术有所不同，在同一个有效空闲频谱上获得的效益可能不一样。用户获得的效益用效益矩阵 B 表示：$B=\left\{b_{n,m}\right\}_{N\times M}$ 表示用户 $n(1\leqslant n\leqslant M)$ 使用频谱 $m(1\leqslant m\leqslant M)$ 后得到的收益。

很显然，当 $l_{n,m}=0$ 时，必有 $b_{n,m}=0$，保证只有有效可用的频谱才有收益矩阵。

在 IEEE 802.22 WRAN 中，定义效益矩阵为带宽速率，效益分为 6 个等级，与调制方式（QPSK、QAM 等）及编码速率有关。具体的参数参考 IEEE 802.22 的认知无线区域网提案[17]。

定义 3　干扰矩阵 C。

对于某一个可用频谱，不同的次用户都可能使用该频谱，这样次用户之间可能会产生干扰。次用户之间的干扰用干扰矩阵 C 表示：

$$C=\left\{c_{n,k,m} \mid c_{n,k,m} \in \{0,1\}\right\}_{N\times N\times M}$$

式中，$c_{n,k,m}=1$ 表示次用户 n 和 k $(1\leqslant n,k\leqslant N)$ 同时使用频谱 m $(1\leqslant m\leqslant M)$ 时会产生干扰，相反，$c_{n,k,m}=0$ 表示不会产生干扰。

在图 2.1 中，当 $r_s(n,m)+r_p(k,m)\leqslant d(n,k)$ 时产生干扰，即 $c_{n,k,m}=1$。干扰矩阵由可用频谱矩阵决定。当 $n=k$ 时，$c_{n,n,m}=1-l_{n,m}$。并且矩阵元素要满足：$c_{n,k,m}\leqslant l_{n,m}\times l_{k,m}$，即只有频谱 m 同时对次用户 n 和 k 可用时，才可能产生干扰。

定义 4　无干扰分配矩阵 A。

将可用、无干扰的频谱分配给用户，得到无干扰分配矩阵：

$$A=\left\{a_{n,m} \mid a_{n,m} \in \{0,1\}\right\}_{N\times M}$$

式中，$a_{n,m}=1$ 表示将频带 m 分配给次用户 n，$a_{n,m}=0$ 表示没有将频带 m 分配给次用户 n。无干扰分配矩阵必须满足干扰矩阵 C 定义的如下无干扰约束条件：

$$a_{n,m} \times a_{k,m} = 0, \quad \text{如果 } c_{n,k,m} = 1, \quad \forall n, \quad k < N, \quad m < M$$

从上面的定义和分析可知，满足分配限制条件的分配矩阵 A 不止一个，用 $\Lambda N,M$ 表示所有满足条件的分配矩阵 A 的集合。给定某一无干扰频谱分配 A，次用户 n 因此获得的总收益用效益向量 R 表示：

$$R = \left\{ r_n = \sum_{m=1}^{M} a_{n,m} \times b_{n,m} \right\}_{N \times 1}$$

认知无线网络频谱分配的目标即最大化网络效益 $U(R)$，则频谱分配可表示为如下所示的优化问题：

$$A^* = \underset{A \in \Lambda(L,C)N,M}{\operatorname{argmax}} \ U(R)$$

式中，$\operatorname{arg}(\cdot)$ 表示求解网络效益最大时所对应的频谱分配矩阵 A。因此，A^* 即为所求的最优无干扰频谱分配矩阵。

由于不同的应用需求需要有不同的效益函数，考虑网络中的流量和公平性需求，$U(R)$ 的定义一般采用如下 3 种形式。

(1) 最大化网络的效益总和 (max-sum-reward，MSR)，其目标是网络系统的总收益最大，优化问题表示为

$$U_{\text{sum}} = \sum_{n=1}^{N} r_n = \sum_{n=1}^{N} \sum_{m=1}^{M} a_{n,m} \times b_{n,m}$$

为了与以下的两种收益函数有相同的尺度，本书使用平均收益代替总收益。定义平均最大化网络收益总和 (MSR-mean，MSRM) 为

$$U_{\text{mean}} = \frac{1}{N} \sum_{n=1}^{N} r_n = \frac{1}{N} \sum_{n=1}^{N} \sum_{m=1}^{M} a_{n,m} \times b_{n,m}$$

(2) 最大化最小带宽 (max-min-reward，MMR)。其目标是最大化受限用户 (瓶颈用户) 的频谱利用率。优化问题表示为

$$U_{\min} = \min_{1 \leqslant n \leqslant N} r_n = \min_{1 \leqslant n \leqslant N} \left(\sum_{m=1}^{M} a_{n,m} \times b_{n,m} \right)$$

(3) 最大比例公平性度量 (max-proportional-fair，MPF)。其目标是考虑每个用户的公平性。为了保证与 U_{mean} 和 $U_{\min}$ 可比，将公平性度量改为

$$U_{\text{fair}} = \left(\prod_{n=1}^{N} r_n \right)^{\frac{1}{N}} = \left(\prod_{n=1}^{N} \sum_{m=1}^{M} a_{n,m} \times b_{n,m} + 10^{-4} \right)^{\frac{1}{N}}$$

因此，在同样的分配下，有 $U_{\text{mean}} \geqslant U_{\text{fair}} \geqslant U_{\min}$。

2.3　频谱分配具体实现

2.3.1　算法具体实现

本频谱分配问题描述为：在可用频谱矩阵 $\boldsymbol{L}$、效益矩阵 $\boldsymbol{B}$、干扰矩阵 $\boldsymbol{C}$ 已知的情况，如何找到最优的频谱分配矩阵 $\boldsymbol{A}$，使得网络效益 $U(\boldsymbol{R})$ 最大。

本章设计的基于免疫克隆选择计算的频谱分配算法基本步骤如下(注：$\boldsymbol{P}$ 表示抗体种群，P 表示一个抗体)。

(1)初始化。

设进化代数 g 为 0，随机初始化种群 $\boldsymbol{P}(g) = \{P_1(g), P_2(g), \cdots, P_s(g)\}$，式中，$s(\text{size})$ 表示种群规模。同时设置记忆单元 $M_u(g)$，规模大小为 t，初始为空。抗体采用二进制编码，每个抗体长度为 $l = \sum_{n=1}^{N}\sum_{m=1}^{M} l_{n,m}$，即 l 为可用频谱矩阵 $\boldsymbol{L}$ 中元素值不为 0 的元素个数；每个抗体代表了一种可能的频谱分配方案。同时，分别记录矩阵 $\boldsymbol{L}$ 中值为 1 的元素对应的 n 与 m，并将其按照先 n 递增、后 m 递增的方式保存在 $\boldsymbol{L}_1$ 中。即 $\boldsymbol{L}_1 = \{(n,m) \mid l_{n,m} = 1\}$。显然，$\boldsymbol{L}_1$ 中元素个数为 l[15]。

(2)抗体表示到频谱分配方案的映射。

将种群中每个抗体 $p_i^g (1 < i < s)$ 的每一位 $j(1 \leqslant j \leqslant l)$ 映射为矩阵 A 的元素 $a_{n,m}$，式中，(n,m) 的值为 $\boldsymbol{L}_1$ 中相应的第 j 个元素 $j(1 \leqslant j \leqslant l)$。此时，所对应的分配矩阵 A 即为一种可能的频谱分配方案。

(3)干扰约束的处理。

对分配矩阵 A 进行修正，要求必须满足干扰矩阵 C，具体实现过程如下：对任意 m，如果 $c_{n,k,m} = 1$，则检查矩阵 A 中第 m 列的第 n 行和第 k 行元素值是否都为 1。若是，则随机将式中，一个位置 0，另一位保持不变。此时得到的分配矩阵 A 则为经过约束处理的可行解；同时，对相应的抗体表示进行映射，更新 $\boldsymbol{P}(g)$。

(4)对 $\boldsymbol{P}(g)$ 进行亲和度函数评价。

由于频谱分配所要实现的目标是最大化网络效益 $U(\boldsymbol{R})$，故本书直接将 $U(\boldsymbol{R})$ 作为亲和度函数。对 $\boldsymbol{P}(g)$ 中的 s 个抗体进行亲和度计算，结果按从大到小降序排序，并用亲和度高的前 $t(t < s)$ 抗体对记忆单元 $M_u(g)$ 进行更新(如果记忆单元为空，则直接将 t 个抗体放入 $M_u(g)$，否则，按照亲和力大小进行替换，保证记忆单元中保留适应度最高的 t 个抗体)。因此，记忆单元 $M_u(g)$ 亲和度最大的抗体所对应的分配矩阵 A 即为所求的最优频谱分配方案。

(5)终止条件判断。

如果达到最大进化次数 $g_{\max}$，算法终止，将记忆单元中保存的亲和度最高的抗体映射为 $\boldsymbol{A}$ 的形式，即得到了最佳的频谱分配；否则，转步骤(6)。

(6)克隆操作。

本书采取对亲和度高的前 t 个抗体进行克隆。对克隆操作 T_c^C 定义为

$$\boldsymbol{P}'(g) = T_c^C(\boldsymbol{P}(g)) = [T_c^C(\boldsymbol{P}_1(g)), T_c^C(\boldsymbol{P}_2(g)), \cdots, T_c^C(\boldsymbol{P}_t(g))]^{\mathrm{T}}$$

具体克隆方法如下：设选出的 t 个抗体按亲和度降序排序为：$P_1(g), P_2(g), \cdots, P_t(g)$，则对第 q 个抗体 $P_q(g)$ $(1 \leq q \leq t)$ 克隆产生的抗体数目为

$$N_q = \mathrm{Int}\left(n_t \times \frac{f(P_q(g))}{\sum\limits_{h=1}^{t} f(P_h(g))} \times \frac{1}{c_{(P_q(g))}} \right)$$

式中，$\mathrm{Int}(\cdot)$ 表示向上取整，$f(\cdot)$ 表示抗体的亲和度，$n_t > t$ 是控制参数，$c_{(P_q(g))}$ 表示抗体 $P_q(g)$ 的浓度，其计算公式定义为：$c_{(P_q(g))} = \sum\limits_{h=1}^{t} S(P_q(g), P_h(g))$，$S(\cdot)$ 表示相似的抗体集合。式中，$S(P_q(g), P_h(g)) = \begin{cases} 1, & d(P_q(g), P_h(g)) < \theta \\ 0, & \text{其他} \end{cases}$，$d(\cdot)$ 表示二者之间的汉明距离，θ 为阈值。

上述公式表明，抗体的亲和度函数越高，抗体浓度越小，克隆规模越大。这样有利于保持种群多样性，避免早熟收敛。

克隆之后，种群变为

$$\boldsymbol{P}'(g) = \{(\boldsymbol{P}_1'(g)), (\boldsymbol{P}_2'(g)), \cdots, (\boldsymbol{P}_t'(g))\}$$

(7)变异。

依据概率 p_m 对克隆后的种群 $\boldsymbol{P}'(g)$ 进行变异操作 T_g^C，得到抗体种群 $\boldsymbol{P}''(g)$。变异过程表示为

$$p(P_i'(g) \to P_i''(g)) = (p_m)^{d(P_i'(g), P_i''(g))} (1 - p_m)^{(l - d(P_i'(g), P_i''(g)))}$$

式中，$d(*)$ 为汉明距离，l 为编码长度。变异采用基本位变异[15]。变异后的种群为

$$\boldsymbol{P}''(g) = \{(\boldsymbol{P}_1''(g)), (\boldsymbol{P}_2''(g)), \cdots, (\boldsymbol{P}_t''(g))\}$$

(8)克隆选择 T_s^c。

为了保持群体规模 s 稳定，当 $\sum\limits_{q=1}^{t} N_q < s$ 时，随机产生 $s - \sum\limits_{q=1}^{t} N_q$ 个新的抗体进行补充；否则，取前 s 个抗体组成新的抗体种群，记为 $\boldsymbol{P}(g+1) = T_s^c(\boldsymbol{P}''(g))$；转步骤(2)。

2.3.2　算法特点和优势分析

（1）抗体编码长度较短，减少了搜索空间。为求得分配矩阵 A，传统的做法是将 A 中所有元素均采用一位二进制编码表示，这样将使抗体编码中包含大量冗余。原因在于：由于 A 需要满足可用频谱矩阵 L 的约束限制，L 中值为 0 的元素相对应的分配矩阵 A 中的元素值也必定为 0。所以本书仅对与 L 中值为 1 的元素位置对应的 A 中的元素进行编码，故抗体长度为 L 中值为 1 的元素个数。同时，利用可用频谱矩阵 L 的特性，建立了频谱分配矩阵 A 和抗体编码之间的映射，减小了搜索空间[15,18]。

（2）克隆采用自适应克隆，适应度高且浓度小的抗体克隆规模较大，相比基本克隆算法[17]，本算法保证了抗体的多样性，有效避免了未成熟收敛。并且，在计算抗体浓度时，本章定义了一种简单的基于汉明距离的抗体相似度度量方法，与信息熵计算方法[18]相比，避免了冗余信息的重复计算，减少了计算量。

（3）记忆单元的使用，有利于算法快速收敛。

2.3.3　算法收敛性证明

设抗体种群空间为 $I^s = \{P : P = [P_1, P_2, \cdots, P_s], P_g \in I, 1 \leqslant g \leqslant s\}$。$s$ 为抗体种群规模。抗体种群 $P(g)$（第 g 代）在克隆选择算子的作用下，其种群演化过程可以表示为

$$P(g) \xrightarrow[\text{克隆}]{T_c^c} P'(g) \xrightarrow[\text{变异}]{T_g^c} P''(g) \xrightarrow[\text{选择}]{T_s^c} P(g+1)$$

对于任意初始抗体种群 $P(0) \in I^s$，ICSA（免疫克隆选择算法）的种群演化过程用数学模型可以表达为

$$P(g+1) = T_s^C \circ T_g^C \circ T_c^C (P(g)) = \bigcup_{i=1}^{n} T_s^C (T_g^C (T_c^C (P_i(g))) \bigcup P_i(g)), \quad g = 1, 2, \cdots$$

具体描述为在编码方式确定后，ICSA 是从一个状态到另一个状态的有记忆随机游动，因此，这一过程可以用马尔可夫链描述。

定义 5　算法收敛性。

设 B^* 表示问题的全局最优解，$\vartheta(P)$ 表示抗体种群 P 中包含的最优解个数。如果对于任意的初始状态 P_0，均有

$$\lim_{g \to \infty} p\{P(g) \bigcap B^* \neq \varnothing \mid P(0) = P_0\} = \lim_{g \to \infty} p\{\vartheta(P(g)) \geqslant 1 \mid P(0) = P_0\} = 1$$

则称算法以概率 1 收敛到最优种群集[19-24]。（注：P(population) 表示抗体种群，p(probability) 表示概率，下面的证明中含义相同）。

定理 1　本书算法 ICSA 是以概率 1 收敛的。

证明　记 $p_0(g) = p\{\vartheta(P(g)) = 0\} = p\{P(g) \bigcap B^* \neq \varnothing\}$，由贝叶斯条件概率公式有

$$p_0(g+1) = p\{\mathcal{9}(\boldsymbol{P}(g+1)) = 0\}$$
$$= p\{\mathcal{9}(\boldsymbol{P}(g+1)) = 0 \mid \mathcal{9}(\boldsymbol{P}(g)) \neq 0\} \times p\{\mathcal{9}(\boldsymbol{P}(g)) \neq 0\}$$
$$+ p\{\mathcal{9}(\boldsymbol{P}(g+1)) = 0 \mid \mathcal{9}(\boldsymbol{P}(g)) = 0\} \times p\{\mathcal{9}(\boldsymbol{P}(g)) = 0\}$$

由 $\mathcal{9}(\boldsymbol{P})$ 的定义可知

$$p\{\mathcal{9}(\boldsymbol{P}(g+1)) = 0 \mid \mathcal{9}(\boldsymbol{P}(g)) \neq 0\} = 0$$

所以

$$p_0(g+1) = p\{\mathcal{9}(\boldsymbol{P}(g+1)) = 0 \mid \mathcal{9}(\boldsymbol{P}(g)) = 0\} \times p_0(g)$$

记

$$\xi = \min_g \{\mathcal{9}(\boldsymbol{P}(g+1)) \geq 1 \mid \mathcal{9}(\boldsymbol{P}(g)) = 0\}, \quad g = 0, 1, 2, \cdots$$

则有

$$p\{\mathcal{9}(\boldsymbol{P}(g+1)) \geq 1 \mid \mathcal{9}(\boldsymbol{P}(g)) = 0\} \geq \xi > 0$$

所以

$$p\{\mathcal{9}(\boldsymbol{P}(g+1)) = 0 \mid \mathcal{9}(\boldsymbol{P}(g)) = 0\}$$
$$= 1 - p\{\mathcal{9}(\boldsymbol{P}(g+1)) \neq 0 \mid \mathcal{9}(\boldsymbol{P}(g)) = 0\}$$
$$= 1 - p\{\mathcal{9}(\boldsymbol{P}(g+1)) \geq 1 \mid \mathcal{9}(\boldsymbol{P}(g)) = 0\}$$
$$\leq 1 - \xi < 1$$

因此

$$0 \leq p_0(g+1) \leq (1-\xi) \times p_0(g) \leq (1-\xi)^2 \times p_0(g-1) \cdots \leq (1-\xi)^{g+1} \times p_0(0)$$

因为

$$\lim_{g \to \infty} (1-\xi)^{g+1} = 0, \quad 0 \leq p_0(0) \leq 1$$

所以

$$0 \leq \lim_{g \to \infty} p_0(g) \leq \lim_{g \to \infty} (1-\xi)^{g+1} p_0(0) = 0$$

故

$$\lim_{g \to \infty} p_0(g) = 0$$

因此

$$\lim_{g \to \infty} p\{\boldsymbol{P}(g) \bigcap B^* \neq \varnothing \mid \boldsymbol{P}(0) = \boldsymbol{P}_0\} = 1 - \lim_{g \to \infty} p_0(g) = 1$$

也就是

$$\lim_{g \to \infty} p\{\mathcal{9}(\boldsymbol{P}(g)) \geq 1 \mid \boldsymbol{P}(0) = \boldsymbol{P}_0\} = 1$$

于是定理 1 得证。

2.4　仿真实验与结果分析

仿真实验环境为：在一个固定范围内随机放置了一些主用户和次用户，每个主用户从可用频谱池中，随机选择频谱进行通信。给定主用户的位置和频谱选择后，每个次用户调整其功率(干扰范围) $r_s(n,m)$ 避免与主用户干扰。假设干扰半径为固定值，并对 50 次随机生成的网络拓扑情况进行了分配计算。

2.4.1　实验数据的生成

实际应用中，由于认知无线网络系统进行频谱分配的时间相对于频谱环境变化的时间很短，因此，假设系统为无噪声、不移动的网络结构，即在系统一次完整的频谱分配过程中，矩阵 L、B、C 保持不变。矩阵 L、B、C 的生成采用文献[12]中附录 1 提供的伪代码产生：空闲矩阵 L 为随机生成的 $N \times M$ 的 0, 1 二元矩阵，并保证每 1 列最少有一个元素为 1(有一个频谱可用)；效益矩阵 B 为 $N \times M$ 的矩阵，效益的定义参考 IEEE 802.22 标准；干扰矩阵集合 C 各矩阵为随机生成的 0, 1 二元对称矩阵。同时，各矩阵元素的值必须同时满足本书 2.2.4 节定义的约束条件。N 取值为 1~20，M 取值为 1~30。

2.4.2　算法参数设置

经过反复实验，免疫克隆选择计算中参数的取值如下：最大进化代数 g_{max} =200；种群规模 $s = 20$，记忆单元规模 $t = 0.3 \times s$；克隆控制参数 $n_t = 50$，相似度阈值 $\theta = 0.2 \times l$ (l 为二进制抗体编码长度)；变异概率 $p_m = 0.1$。

2.4.3　实验结果及对比分析

算法在 Windows XP 环境下，使用 MATLAB7.0 进行编程实现。实验结果采用 MSRM、MMR、MPF 来衡量。为了验证本算法的性能，与目前求解此问题经典的算法颜色敏感图着色(color sensitive graph coloring，CSGC)[12]及遗传算法求解频谱分配(GA-spectrum allocation，GA-SA)作了比较[15]。比较实验中使用相同的 L、B、C，并将算法运行 50 次，取平均结果。

表 2.1 和表 2.2 是 50 次实验所得到的平均收益，式中，分别为 $N = M = 5$ 和 $N = M = 20$。

表 2.1　网络收益比较($N=M=5$)

迭代次数	算法	MSRM	MMR	MPF
20	本算法	81.68	21.98	57.23
	GA-SA	76.37	20.58	52.46

续表

迭代次数	算法	MSRM	MMR	MPF
100	本算法	89.50	23.20	58.26
	GA-SA	88.42	21.60	53.98
200	本算法	89.50	23.20	58.26
	GA-SA	88.48	22.54	54.23
	CSGC	83.26	20.27	50.02

表 2.2　网络收益比较($N=M=20$)

迭代次数	算法	MSRM	MMR	MPF
20	本算法	104.26	29.68	67.65
	GA-SA	100.37	27.56	52.38
100	本算法	108.54	36.26	88.23
	GA-SA	100.82	32.68	76.34
200	本算法	108.54	53.25	88.47
	GA-SA	106.82	42.54	78.65
	CSGC	98.74	36.23	60.12

从表中可以看出，本算法在网络收益的三个指标上均好于 CSGC 算法和 GA-SA 算法，证明了本算法的优越性。同时，也可以看出，随着迭代次数的增加，本算法收敛速度快于遗传算法，说明了本算法有较快的收敛速度。

为了进一步对比算法的性能，验证了在次用户固定，随着可用频谱 M 的增加，相关算法的性能变化。这里 $N=5$。结果如图 2.2～图 2.4 所示。

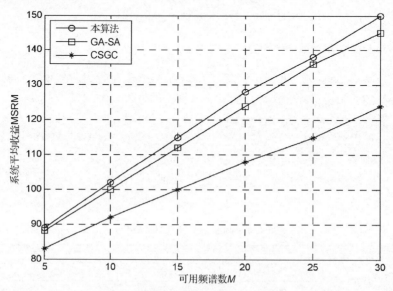

图 2.2　可用频谱对相关算法 MSRM 的影响

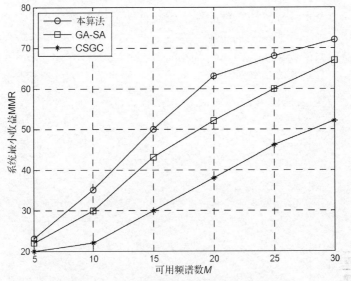

图 2.3　可用频谱对相关算法 MMR 的影响

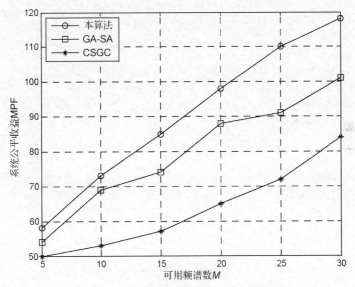

图 2.4　可用频谱对相关算法 MPF 的影响

从图 2.2～图 2.4 中可以看出，随着可用频谱数 M 的增加，系统收益一直在递增。本书算法在收益增加方面优于已有的两种算法，进一步表明了本书算法的有效性。

同时，也验证了在可用频谱 $M = 20$ 已知的情况下，次用户数变化对系统收益的影响，结果如图 2.5～图 2.7 所示。实验结果表明：随着次用户数的增加，系统收益降低，但本书算法得到的收益高于相应的两种算法，验证了本算法的优越性。

此外，理想最优分配方案可以作为性能分析所能达到的上限，因此经常用作对比分析。表 2.3 给出了各种算法得到的网络效益与理想最优值的比较，理想最优值由穷举搜索得到[12]。由于寻求最优的分配方案是一个 NP 问题，空间随着规模的增加呈指数增长，为保证穷举搜索计算复杂度的可行性，本书中设置 $N = M = 5$。相对误差的计算方法如下：若某次实验算法得到的网络效益最优值为 T，理想最优值为 T_{opt}，则相对误差为 $1 - (T / T_{opt})$。

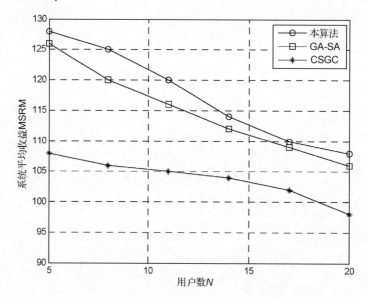

图 2.5　用户数量对相关算法 MSRM 的影响

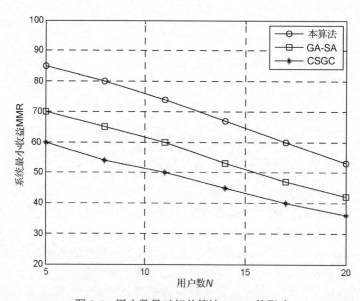

图 2.6　用户数量对相关算法 MMR 的影响

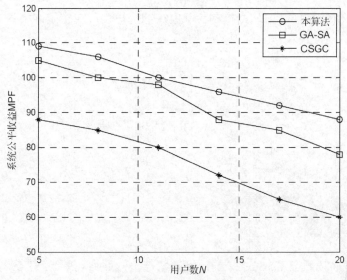

图 2.7　用户数量对相关算法 MPF 的影响

从表 2.3 的结果可以看出，本算法与最优值的相对误差较小。本算法在经过 100 次进化后，已经与最优解十分接近，进化到 200 代后，基本上可以找到最优解，说明了本算法的有效性。

表 2.3　相关算法与最优值的比较

迭代次数	算法	相对误差/%		
		MSRM	MMR	MPF
20	本算法	0.056	0.582	2.650
	GA-SA	0.372	3.569	3.389
100	本算法	0.006	0.328	1.832
	GA-SA	0.058	2.682	2.342
200	本算法	0	0	1.275
	GA-SA	0.054	2.544	3.650
	CSGC	0.622	3.238	6.124

2.4.4　基于 WRAN 的系统级仿真

系统仿真平台根据 IEEE 802.22 草案 WRAN 的参考架构并结合系统级仿真的需求分析来建立。在对服务区域建模时考虑一个无限大的区域，用户接入设备在各个小区内的位置服从均匀分布，完成小区和用户位置的初始化。具体参数取值如下：小区数目为 7，小区半径 1km，用户基站间最小距离大于 35m，天线类型为全向天线，阴影衰落方差为 8dB，阴影衰落系数为 0.5，基站天线增益为 0dBi，用户天线增益为-1dBi，热噪声功率谱密度为-174dBm/Hz。

由于 WRAN 系统由基站实现集中控制，所以采用集中式的分配方案。获得各小

区空闲的 TV 信道集后，由基站控制各小区内的用户实现对空闲 TV 信道的占用。这里，结合图 2.1，可用频谱矩阵为

$$L = \begin{bmatrix} 0 & 1 & 1 \\ 1 & 0 & 1 \\ 1 & 1 & 1 \\ 0 & 1 & 0 \end{bmatrix}$$

对频谱 A、B、C，干扰矩阵分别为

$$C_A = \begin{bmatrix} 1 & 0 & 0 & 0 \\ 0 & 0 & 0 & 0 \\ 0 & 0 & 0 & 0 \\ 0 & 0 & 0 & 1 \end{bmatrix}, \quad C_B = \begin{bmatrix} 0 & 0 & 0 & 0 \\ 0 & 1 & 0 & 0 \\ 0 & 0 & 0 & 0 \\ 0 & 0 & 0 & 0 \end{bmatrix}, \quad C_C = \begin{bmatrix} 0 & 1 & 0 & 0 \\ 0 & 0 & 0 & 0 \\ 0 & 0 & 0 & 0 \\ 0 & 0 & 0 & 1 \end{bmatrix}$$

效益矩阵 B 按照 IEEE 802.22 的定义带宽速率，分为 6 个等级，从 1～6 分别为：3025、4537.5、6050、9075、12100、13612.5[18]，在此仿真环境下为

$$B = \begin{bmatrix} 0 & 9075 & 12100 \\ 6050 & 0 & 13612.5 \\ 4537.5 & 3025 & 6050 \\ 0 & 12100 & 0 \end{bmatrix}$$

按照本章提出的方法，最后得到的分配矩阵为

$$A = \begin{bmatrix} 0 & 1 & 0 \\ 0 & 0 & 1 \\ 1 & 0 & 0 \\ 0 & 1 & 0 \end{bmatrix}$$

结果表明，频谱 A 给次用户 3 使用，频谱 B 给次用户 1 和 4 使用，频谱 C 分配给次用户 2 使用，此时，网络收益最大。实验结果表明，本分配方法是有效的。

2.5　本 章 小 结

认知无线网络中，如何对感知到的频谱进行有效分配是实现动态频谱接入的关键技术。由于频谱分配模型可以表示为一个优化问题，本章使用免疫克隆选择算法求解该问题，提出了一种全新的频谱分配方法，并与 CSGC、GA-SA 算法进行了性能比较。仿真结果表明：本章算法能更好地实现网络效益的最大化，具有较好的性能。同时，结合 WRAN 的系统级仿真对算法进行了应用实现，进一步证明了算法的有效性。

参 考 文 献

[1] Akyildiz I F, Lee W Y, Vuran M C. Next generation/dynamic spectrum access/cognitive radio wireless networks: A survey. Computer Networks Journal, 2006, 9(2): 2127-2159.

[2] Ji Z, Liu K J R. Dynamic spectrum sharing: A game theoretical overview. IEEE Communications Magazine, 2007, 45(5): 88-94.

[3] Niyaoto D, Hossain E. Competitive pricing for spectrum sharing in cognitive radio networks: Dynamic game, inefficiency of nash equilibrium, and collusion. IEEE Journal on Selected Areas in Communications, 2008, 26(1): 192-202.

[4] Zou C, Jin T, Chigan C, et al. QoS-aware distributed spectrum sharing for heterogeneous wireless cognitive networks. Computer Networks, 2009, 52(4): 864-878.

[5] 王钦辉, 叶保留, 田宇, 等. 认知无线电网络中频谱分配算法. 电子学报, 2012, 40(1): 147-154.

[6] Gandhi S, Buragohain C, Cao L L, et al. A general framework for wireless spectrum auctions. IEEE Wireless Communications, 2007, 26(8): 22-33.

[7] Ji Z, Liu K J R. Multi-stage pricing game for collusion resistant dynamic spectrum allocation. IEEE Journal on Selected Areas in Communications, 2009, 26(1): 182-191.

[8] Wang F, Krunz M, Cui S. Price-based spectrum management in cognitive radio networks. IEEE Journal of Selected Topics in Signal Processing, 2009, 2(1): 74-87.

[9] Gandhi S, Buragohain C, Cao L L, et al. Towards real time dynamic spectrum auctions. Computer Networks, 2009, 52(4): 879-897.

[10] 徐友云, 高林. 基于步进拍卖的认知无线网络动态频谱分配. 中国科学技术大学学报, 2009, 39(10): 1064-1069.

[11] Wang W, Liu X. List-coloring based channel allocation for open-spectrum wireless networks. IEEE Vehicular Technology Conference, New York, 2005: 690-694.

[12] Peng C Y, Zheng H T, Zhao B Y. Utilization and fairness in spectrum assignment for opportunistic spectrum access. Mobile Networks and Applications, 2006, 11(4): 555-576.

[13] 廖楚林, 陈劼, 唐友喜, 等. 认知无线电中的并行频谱分配算法. 电子与信息学报, 2007, 29(7): 1608-1611.

[14] El-nainay M Y. Island Genetic Algorithm-based Cognitive Networks. New River Valley: Virginia Polytechnic Institute and State University, 2009.

[15] 赵知劲, 彭振, 郑仕链, 等. 基于量子遗传算法的认知无线电频谱分配. 物理学报, 2009, 58(2): 1358-1363.

[16] Hur Y, Park J, Woo W, et al. A cognitive radio (CR) system employing a dual-stage spectrum sensing technique: A multi-resolution spectrum sensing (MRSS) and a temporal signature detection (TSD) technique. Global Telecommunications Conference, San Francisco, 2006: 200-212.

[17] John B, Yoon C C, Carlos C, et al. IEEE 802.22-06/0004r1.A PHY/MAC Proposal for IEEE 802.22 WRAN Systems Part 1: The PHY. Proceedings IEEE DySPAN, 2006.

[18] Ning H, Sungh S, Jae H C. Spectral correlation based signal detection method for spectrum sensing in IEEE 802.22 WRAN systems. Advanced Communication Technology, the 8th International Conference, Phoenix, 2008: 122-128.

[19] Gong M G, Jiao L C, Zhang L N, et al. Immune secondary response and clonal selection inspired optimizers. Progress in Natural Science, 2009, 19(2): 237-253.

[20] 焦李成, 公茂果, 尚荣华, 等. 多目标优化免疫算法、理论与应用. 北京: 科学出版社, 2010: 53-64.

[21] Zhao Z J, Peng Z, Zheng S L, et al. Cognitive radio spectrum allocation using evolutionary algorithms. IEEE Transactions on Wireless Communications, 2009, 8(9): 4421-4425.

[22] 柴争义, 刘芳. 基于免疫克隆选择优化的认知无线网络频谱分配. 通信学报, 2010, 31(11): 92-100.

[23] Yang D D, Jiao L C, Gong M G, et al. Artificial immune multi-objective SAR image segmentation with fused complementary feature. Information Sciences, 2011, 181(13): 2797-2812.

[24] Shang R H, Jiao L C, Liu F, et al. A novel immune clonal algorithm for MO problems. IEEE Transactions on Evolutionary Computation, 2012, 16(1): 35-50.

第3章 基于混沌量子免疫优化的频谱按需分配算法

3.1 概　　述

认知无线网络中的频谱分配问题一直是研究热点。根据不同的分类技术，现有的频谱分配方法主要包括博弈论[1-5]、拍卖理论[6-10]、图着色等[11-17]方法。文献[5]对认知无线网络中的频谱分配算法进行了综述。由于基于图着色的解决方法具有较好的灵活性和适用性，得到了研究者的普遍关注。文献[12]给出了频谱分配的图着色模型算法(color sensitive graph coloring，CSGC)，并对频谱分配的收益和公平性进行了较详尽的分析。频谱分配模型可以看作一个优化问题，同时其最优着色算法是一个 NP-hard 问题。因此，此问题适合用智能方法求解。文献[15]和[16]引入进化算法，提出了基于遗传算法(genetic algorithm-spectrum allocation，GA-SA)和量子遗传算法的频谱分配方法(quantum genetic algorithm-spectrum allocation，QGA-SA)，文献[17]采用免疫优化算法进行求解，取得了较好的效果。

但以上的模型分析中，没有考虑不同的次用户对频谱的不同需求，可能造成对频谱需求量较小的次用户反而得到了较多的频谱资源，导致频谱的利用率降低[5]。基于此，本章将次用户对频谱的需求引入分配模型，并充分利用了混沌搜索的遍历性和量子计算的高效性，以及免疫克隆算法快速的收敛速度、较好的种群多样性以及避免早熟收敛的特性，提出了一种新的基于混沌量子免疫优化的认知无线网络频谱按需分配方法，并通过仿真及对比实验，验证了本方法的优越性。

3.2　考虑次用户需求的频谱按需分配模型

3.2.1　基于图着色理论的频谱分配建模

根据认知无线网络的特点，其频谱分配必须考虑三方面的问题：①次用户(认知用户)对主用户的干扰；②次用户相互之间的干扰；③认知无线网络系统的总收益和次用户间的公平性。

在基于图着色的频谱分配模型中，将频谱分配给认知用户，相当于为图中节点着色。具体建模过程如下。

将某时刻感知到的网络结构转化为一个无向冲突图 $G = (V, S, E)$。$V = \{v_i \mid i = 1, 2, \cdots, n\}$ 是顶点集合，一个顶点代表认知无线网络中的 个认知用户；S 代表每个节点的颜色列表，即可用频谱；$E = \{e_{ij} \mid i, j = 1, 2, \cdots, n\}$ 是图中无向边的集合，$e_{ij} = 0$ 表示顶点 i, j

不相连，其代表的认知用户可以使用同一频谱；相应地，$e_{ij}=1$表示顶点i,j之间有一条边相连，其代表的认知用户不能使用同一频谱，即它们相互冲突（由干扰约束决定）。因此，满足条件的有效频谱分配对应的着色条件可以描述为：当两个不同顶点间存在一条颜色为m(频谱m)的边时，这两个顶点不能同时着m色，即不能同时使用频谱$m(m \in S)$。

由此可见，基于图着色理论的认知无线网络频谱分配模型与传统频谱分配模型的不同之处在于增加了对主用户干扰的考虑，同时也考虑了用户的可用频谱的空时差异性问题。

3.2.2　考虑认知用户需求的频谱分配模型

根据以上分析，本章认知无线网络频谱分配模型可以建模为用以下矩阵表示：可用(空闲)频谱矩阵L(Leisure)、收益矩阵$\boldsymbol{B}$(Benefit)、干扰矩阵$\boldsymbol{C}$(Constraint)、无干扰分配矩阵A(Allocation)、次用户需求矩阵$\boldsymbol{D}$(Demand)和次用户满足度矩阵$\boldsymbol{F}$。

假定共有N个次用户，认知无线网络感知到的可用频带数为M，频带间相互正交。对各个矩阵进行如下定义[12]。

定义 1　可用频谱矩阵L。

可用频谱矩阵是指在某个空间、某个时间主用户不占用的频谱资源。由于主用户地理位置、发射功率等参数的不同，不同次用户对主用户频谱的可用性可能不同。一个频谱对次用户是否可用使用可用频谱矩阵L表示，记为

$$L=\left\{l_{n,m} \mid l_{n,m} \in \{0,1\}\right\}_{N \times M}$$

式中，$l_{n,m}=1$表示次用户$n(1 \leqslant n \leqslant N)$可以使用频谱$m(1 \leqslant m \leqslant M)$，$l_{n,m}=0$表示次用户$n$不能使用频谱$m$。

定义 2　收益矩阵$\boldsymbol{B}$。

不同的次用户由于所处的环境和采用的发射功率等技术有所不同，在同一个有效空闲频谱上获得的收益(如最大传输速率)可能不一样。

用户获得的收益用收益矩阵$\boldsymbol{B}$表示：$\boldsymbol{B}=\left\{b_{n,m}\right\}_{N \times M}$表示用户$n(1 \leqslant n \leqslant N)$使用频谱$m(1 \leqslant m \leqslant M)$后得到的收益(如最大带宽等)。

很显然，当$l_{n,m}=0$时，必有$b_{n,m}=0$，保证只有有效可用的频谱才有收益矩阵。

定义 3　干扰矩阵C。

对于某一个可用频谱，不同的次用户都可能使用该频谱，这样次用户之间可能会产生干扰。次用户之间的干扰用干扰矩阵C表示：

$$C=\left\{c_{n,k,m} \mid c_{n,k,m} \in \{0,1\}\right\}_{N \times N \times M}$$

式中，$c_{n,k,m}=1$表示次用户n和k $(1 \leqslant n,k \leqslant N)$同时使用频谱$m$ $(1 \leqslant m \leqslant M)$时会产生干扰，$c_{n,k,m}=0$表示次用户$n$和$k$同时使用频谱$m$时不会产生干扰。

干扰矩阵由可用频谱矩阵决定。当 $n=k$ 时，$c_{n,n,m}=1-l_{n,m}$。并且矩阵元素同时满足 $c_{n,k,m} \leqslant l_{n,m} \times l_{k,m}$，即只有频谱 m 同时对次用户 n 和 k 可用时，才可能产生干扰。

定义 4　无干扰分配矩阵 A。

将可用、无干扰的频谱分配给用户，得到无干扰分配矩阵

$$A = \left\{ a_{n,m} \mid a_{n,m} \in \{0,1\} \right\}_{N \times M}$$

式中，$a_{n,m}=1$ 表示将频带 m 分配给次用户 n，$a_{n,m}=0$ 表示没有将频带 m 分配给次用户 n。

无干扰分配矩阵必须满足干扰矩阵 C 定义的如下无干扰约束条件：

$$a_{n,m} \times a_{k,m} = 0, \quad 如果 c_{n,k,m}=1, \quad \forall n, \quad k < N, \quad m < M$$

定义 5　次用户需求矩阵 D。

将不同的次用户对频谱的需求定义为

$$D = \{ d_n \mid d_n \in \{0,1,2,\cdots,\} \}_N$$

式中，$d_i (1 \leqslant i \leqslant n)$ 表示次用户 i 所需要的频谱数量。

定义 6　次用户满足度矩阵 F。

满足度矩阵定义为

$$F = \{ f_n \mid f_n \in (0,1] \}, \quad f_n = \begin{cases} \dfrac{\sum\limits_{m=1}^{M} a_{n,m} + 1}{d_n + 1}, & d_n \neq 0 \\ 1, & d_n = 0 \end{cases}$$

式中，f_n 表示在当前分配情况下，次用户得到的频谱与其需求之比。f_n 越接近 1，说明对其需求满足度越高。

从上面的定义和分析可知，满足分配限制条件的分配矩阵 A 不止一个，用 AN, M 表示所有满足条件的分配矩阵 A 的集合。给定某一无干扰频谱分配 A，次用户 n 因此获得的总收益用收益向量 R 表示：

$$R = \left\{ r_n = \sum_{m=1}^{M} a_{n,m} \times b_{n,m} \right\}_{N \times 1}$$

认知无线网络频谱分配的目标即最大化网络收益 $U(R)$，则频谱分配可表示为如下所示的优化问题：

$$A^* = \underset{A \in \wedge(L,C)N,M}{\arg\max} \; U(R)$$

式中，$\arg(\cdot)$ 表示求解网络收益最大时所对应的频谱分配矩阵 A。因此，A^* 即为所求的最优无干扰频谱分配矩阵。

由于不同的应用需求需要有不同的收益函数，考虑网络中的流量和公平性需求，$U(\boldsymbol{R})$ 的定义采用如下 3 种形式。

(1)最大化网络的收益总和，其目标是网络系统的总收益最大，优化问题表示为

$$U_{\text{sum}} = \sum_{n=1}^{N} r_n = \sum_{n=1}^{N} \sum_{m=1}^{M} a_{n,m} \times b_{n,m}$$

为了与以下的两种收益函数有相同的尺度，本章使用平均收益代替总收益。定义平均最大化网络收益总和为

$$U_{\text{mean}} = \frac{1}{N} \sum_{n=1}^{N} r_n = \frac{1}{N} \sum_{n=1}^{N} \sum_{m=1}^{M} a_{n,m} \times b_{n,m}$$

(2)最大化最小带宽，其目标是最大化受限用户(瓶颈用户)的频谱利用率。优化问题表示为

$$U_{\text{min}} = \min_{1 \leq n \leq N} r_n = \min_{1 \leq n \leq N} \left(\sum_{m=1}^{M} a_{n,m} \times b_{n,m} \right)$$

(3)最大比例公平性度量。其目标是考虑每个用户的公平性。

本章考虑次用户对频谱的需求，定义分配公平性如下：

$$U_{\text{fair}} = \frac{1}{\sum_{n=1}^{N} \dfrac{f_n^2}{N} - \left(\sum_{n=1}^{N} \dfrac{f_n}{N} \right)^2}$$

3.3　频谱按需分配具体实现

3.3.1　算法具体实现过程

本频谱分配问题描述为：在可用频谱矩阵 $\boldsymbol{L}$、收益矩阵 $\boldsymbol{B}$、干扰矩阵 $\boldsymbol{C}$、需求矩阵 $\boldsymbol{D}$ 已知的情况，如何找到最优的频谱分配矩阵 $\boldsymbol{A}$，使得网络收益 $U(\boldsymbol{R})$ 最大。

本章设计的基于量子免疫克隆选择计算的频谱分配算法基本步骤如下(注：$\boldsymbol{Q}$ 表示量子种群，q 表示一个量子抗体，$\boldsymbol{P}$ 表示普通抗体种群，P 表示一个普通抗体)。

(1)初始化。

初始种群的产生使用以下 l 个 Logistic 映射产生 l 个混沌变量：

$$x_{i+1}^{j} = \mu_j x_i^{j} (1 - x_i^{j}), \quad j = 1, 2, \cdots, l$$

式中，$\mu_j = 4$，l 为抗体编码的长度。令 $i = 0$，分别给定 l 个混沌变量不同的初始值，利用上式产生 l 个混沌变量 $x_1^{j} (j = 1, 2, \cdots, l)$，然后用这 l 个混沌变量初始化种群中第一

个抗体上的量子位。令 $i = 1,2,\cdots,s-1$，产生另外 $s-1$ 个抗体，则初始化种群 $Q(g) = \{q_1^g,q_2^g,\cdots,q_s^g\}$，$s$ 为种群规模，g 为进化代数。其中，第 i 个抗体 $q_i = \begin{bmatrix} \alpha_1^g \, \alpha_2^g \cdots \alpha_l^g \\ \beta_1^g \, \beta_2^g \cdots \beta_l^g \end{bmatrix}$

$(i = 1,2,\cdots,s)$，并且满足 $|\alpha_j|^2 + |\beta_j|^2 = 1(1 < j < l)$。

在初始化种群 $Q(g)$ 中，将 α_j^g、$\beta_j^g(1 < j < l)$ 分别初始化为 $\cos(2x_i^j\pi)$、$\sin(2x_i^j\pi)$。每个抗体长度 $l = \sum_{n=1}^{N}\sum_{m=1}^{M} l_{n,m}$，即 l 为可用频谱矩阵 L 中元素值不为 0 的元素个数。

(2)由 $Q(g)$ 生成 $P(g)$。

通过观察 $Q(g)$ 的状态，生成一组普通解 $P(g) = \{P_1^g, P_2^g, \cdots, P_s^g\}$。每个 $P_i^g(1 < i < s)$ 是长度为 l 的二进制串，由概率幅 $|\alpha_j^g|^2$、$|\beta_j^g|^2$($j = 1,2,\cdots,l$) 观察得到。

在本章中，观察方法如下：随机产生一个 $[0,1]$ 数，若它大于 $|\alpha_j^g|^2$，则取 1，否则，取 0。观察生成的每个抗体 $p_i^g(1 < i < s)$ 代表了一种可能的频谱分配方案。同时，分别记录矩阵 L 中值为 1 的元素对应的 n 与 m，并将其按照先 n 递增、后 m 递增的方式保存在 L_1 中。即 $L_1 = \{(n,m) \mid l_{n,m}=1\}$。显然，$L_1$ 中元素个数为 l。

(3)抗体表示到频谱分配方案的映射。

将种群中每个抗体 $p_i^g(1 < i < s)$ 的每一位 $j(1 \leq j \leq l)$ 映射为矩阵 A 的元素 $a_{n,m}$，其中 (n,m) 的值为 L_1 中相应的第 j 个元素 $j(1 \leq j \leq l)$。此时，所对应的分配矩阵 A 即为一种可能的频谱分配方案。

(4)干扰约束的处理。

对分配矩阵 A 进行修正，要求必须满足干扰矩阵 C，具体实现过程如下：对任意 m，如果 $c_{n,k,m} = 1$，则检查矩阵 A 中第 m 列的第 n 行和第 k 行元素值是否都为 1。若是，则随机将其中一个位置 0，另一位保持不变[15]。此时得到的分配矩阵 A 则为经过约束处理的可行解；同时，对相应的抗体表示进行映射，更新 $P(g)$。

(5)对 $P(g)$ 进行亲和度函数评价，保持最优解。

由于频谱分配所要实现的目标是最大化网络收益 $U(R)$，故本章直接将 $U(R)$ 作为亲和度函数。对 $P(g)$ 中的 s 个抗体进行亲和度计算，结果按从大到小降序排序。将亲和度最大的抗体放入矩阵 $B(g)$，其所对应的分配矩阵 A 即为所求的最优频谱分配方案。

(6)终止条件判断。

如果达到最大进化次数 $g_{\max}$，算法终止，将 $B(g)$ 中保存的亲和度最高的抗体映射为 A 的形式，即得到了最佳的频谱分配；否则，转步骤(7)。

(7)克隆变异。

本章采取从含有 s 个抗体的种群中，选取亲和度高的前 t 个抗体进行克隆。对克隆操作 T_c^C 定义为

$$P'(g) = T_c^C(P(g)) = [T_c^C(P_1^g), T_c^C(P_2^g), \cdots, T_c^C(P_t^g)]^{\mathrm{T}}$$

具体克隆方法如下：设选出的 t 个抗体按亲和度降序排序为：$P_1^g, P_2^g, \cdots, P_t^g$，则对第 k 个抗体 P_i^g $(1 \leqslant k \leqslant t)$ 克隆产生的抗体数目为：$N_k = \mathrm{Int}(\eta s / k)$，其中 $\mathrm{Int}(\cdot)$ 表示向上取整，η 是控制参数。

为了保持群体规模 s 稳定，当 $\sum\limits_{i=1}^{t} N_i < s$ 时，随机（参考步骤 1）产生 $s - \sum\limits_{i=1}^{t} N_i$ 个新的抗体进行补充；否则，取前 s 个抗体组成新的抗体种群。

克隆的具体过程由量子旋转门改变抗体量子位的相位来来实现。转角的确定方法如下[18,19]：

$$\Delta\theta_j^k = \lambda_k x_{i+1}^j$$

式中，λ_k 为克隆幅值。为使遍历范围呈现双向性，混沌变量 x_{i+1}^j 的计算公式为

$$x_{i+1}^j = 8x_i^j(1 - x_i^j) - 1$$

此时，$\Delta\theta_j^k$ 的遍历范围为 $[-\lambda_k, \lambda_k]$。对于需要克隆的母体，亲和力越高，扩增时所叠加的混沌扰动越小。因此，λ_k 可选为：$\lambda_k = \lambda_0 \exp((k-t)/t)$。其中，$\lambda_0$ 为控制参数，用来控制对抗体所附加的混沌扰动的大小。

设第 k 个克隆母体为

$$q_k = \begin{vmatrix} \cos(\theta_1^k) & \cos(\theta_2^k) & \cdots & \cos(\theta_l^k) \\ \sin(\theta_1^k) & \sin(\theta_2^k) & \cdots & \sin(\theta_l^k) \end{vmatrix}$$

应用量子旋转门克隆后的抗体为

$$p_{k\delta} = \begin{vmatrix} \cos(\theta_1^k + \Delta\theta_{1\delta}^k) & \cdots & \cos(\theta_l^k + \Delta\theta_{l\delta}^k) \\ \sin(\theta_1^k + \Delta\theta_{1\delta}^k) & \cdots & \sin(\theta_l^k + \Delta\theta_{l\delta}^k) \end{vmatrix}$$

式中，$\delta = 1, 2, \cdots, N_k$。

从克隆的过程可以看出，选出的具有较高亲和力的优良抗体本身具有优化路标的作用。在小区域中引入混沌变量增强了局部优化的遍历性。此外，量子旋转门转角的方向不需要与当前最优抗体比较，有利于提高种群的多样性和优化效率。

对克隆后的抗体实施观察，计算每个抗体的亲和力。通过量子旋转门对抗体量子位的相位实施混沌扰动，对亲和力最低的 $v(v < s)$ 个抗体进行变异操作。

将 v 个亲和力最低的抗体，按升序排列，第 k 个抗体的变异幅值为

$$\lambda_k' = \lambda_0' \exp((v-k)/v)$$

式中，λ_k' 表示量子旋转门的转角范围，λ_0' 为控制参数，此时转角的遍历范围为 $[-\lambda_k', \lambda_k']$。通常，取 $\lambda_0' = 6\lambda_0$。可见，抗体量子位的幅角遍历范围较大。因此，使用抗

体的变异操作提高了算法的全局搜索能力。这种变异方法克服了传统的量子非门变异旋转大小固定，方向单一，缺乏遍历性的缺陷。

(8)进化代数 $g = g + 1$；转步骤(2)。

3.3.2　算法特点和优势分析

(1)抗体编码长度较短，减少了搜索空间。为求得分配矩阵 A，传统的做法是将 A 中所有元素均采用一位二进制编码表示，这样将使抗体编码中包含大量冗余。原因在于：由于 A 需要满足可用频谱矩阵 L 的约束限制，L 中值为 0 的元素相对应的分配矩阵 A 中的元素值也必定为 0。所以本章仅对与 L 中值为 1 的元素位置对应的 A 中的元素进行编码，故抗体长度为 L 中值为 1 的元素个数。同时，利用可用频谱矩阵 L 的特性，建立了频谱分配矩阵 A 和抗体编码之间的映射，减小了搜索空间[15,16]。

(2)抗体采用量子编码的形式，一个抗体上带有多个状态信息，带来丰富的种群；采用随机观察的方式由量子抗体产生新的个体，能较好保持群体的多样性，有效克服早熟收敛；并且量子具有较好的并行性，抗体群体规模较小。

(3)克隆算子使得当前最优个体的信息能够很容易地扩大到下一代来引导变异，具有高效的局部寻优能力，使得种群以大概率向着优良模式进化，加快了收敛速度。因此，算法将全局搜索和局部寻优进行了有机的结合。

(4)算法充分利用了混沌搜索的遍历性和量子计算的高效性。在量子旋转门中使用了两种不同幅值的混沌变量改变转角的大小。小幅值混沌变量用于优良抗体的克隆扩增，实现局部搜索；大幅值混沌变量用于较差个体的变异，实现全局搜索。对于转角方向的确定，避免了传统基于查询表的方式[19,20]，提高了算法收益。

3.3.3　算法收敛性分析

定理 1　混沌量子克隆算法(chaos quantum clonal algorithm，CQCA)的种群序列 $\{P_g, g \geq 0\}$ 是有限齐次马尔可夫链。

证明　由于 CQCA 采用量子比特抗体，抗体的取值是离散的 0 和 1。本章中抗体的长度为 l，种群规模为 s，种群所在的状态空间大小为 $s \times 2^l$。因而，种群是有限的，而算法中采用的克隆算子都与 g 无关[20]。因此，P_{g+1} 只与 P_g 有关，即 $\{P_g, g \geq 0\}$ 是有限齐次马尔可夫链。定理 1 得证。

设 $P(g) = \{P_1, P_2, \cdots, P_s\}$，下标 g 表示进化代数，$P(g)$ 表示在第 g 代时的一个种群，P_i 表示第 i 个个体。设 f 是 $P(g)$ 的亲和度函数，令

$$B^* = \{P \mid \max(f(P)) = f^*\}(P \in P(g))$$

称 B^* 为最优解集，其中 f^* 为全局最优值，则有如下定义。

定义 7　设 $f_g = \max\{f(P_i) : i = 1, 2, \cdots, s\}$ 是一个随机变量序列，该变量代表在时间步 g 状态中的最高亲和度。当且仅当

$$\lim_{g \to \infty} p\{f_g = f^*\} = 1$$

则称算法收敛。也就是，当算法迭代足够多的次数后，群体中包含全局最优解的概率接近 1。

定理 2　本章量子免疫克隆算法 CQCA 以概率 1 收敛。

证明　本算法的状态转移由马尔可夫链来描述。将规模为 s 的群体认为是状态空间 U 中的某个点，用 $u_i \in U$ 表示 u_i 是 U 中的第 i 个状态。相应地，本算法的 $u_i = \{P_1, P_2, \cdots, P_s\}$（注：$\boldsymbol{P}$ 表示抗体种群，P 表示一个抗体，p 表示概率）。

显然，$\boldsymbol{P}_g^i$ 表示在第 g 代种群 $\boldsymbol{P}_g$ 处于状态 u_i，其中随机过程 $\{\boldsymbol{P}_g\}$ 的转移概率为 $p_{ij}(g)$，则 $p_{ij}(g) = p\{\boldsymbol{P}_{g+1}^j / \boldsymbol{P}_g^i\}$。

由于本算法中采用保留最优个体进行克隆选择，因此，对任意的 $g \geq 0$，有 $f(\boldsymbol{P}_{g+1}) \geq f(\boldsymbol{P}_g)$。即种群中的任何一个个体都不会退化。设 $I = \{i \mid u_i \cap B^* \neq \varnothing\}$，则

(1) 当 $i \in I, j \notin I$ 时，有 $p_{ij}(g) = 0$。

即当父代出现最优解时，最优解不论经过多少代都不会退化。

(2) 当 $i \notin I, j \in I$，因为 $f(\boldsymbol{P}_{g+1}^j) \geq f(\boldsymbol{P}_g^i)$，所以 $p_{ij}(g) > 0$。

设 $p_i(g)$ 为种群 $\boldsymbol{P}_g$ 处在状态 u_i 的概率，$p_{(g)} = \sum_{i \in I} p_i(g)$，则由马尔可夫链的性质，有

$$p_{(g+1)} = \sum_{u_i \in U} \sum_{j \notin I} p_i(g) p_{ij}(g) = \sum_{i \in I} \sum_{j \notin I} p_i(g) p_{ij}(g) + \sum_{i \notin I} \sum_{j \notin I} p_i(g) p_{ij}(g) \tag{3.1}$$

由于

$$\sum_{i \notin I} \sum_{j \in I} p_i(g) p_{ij}(g) + \sum_{i \notin I} \sum_{j \notin I} p_i(g) p_{ij}(g) = \sum_{i \notin I} p_i(g) = p_g \tag{3.2}$$

所以

$$\sum_{i \notin I} \sum_{j \notin I} p_i(g) p_{ij}(g) = p_g - \sum_{i \notin I} \sum_{j \in I} p_i(g) p_{ij}(g) \tag{3.3}$$

把式 (3.3) 代入式 (3.1)，同时利用 (1) 和 (2)，可得

$$0 \leq p_{g+1} < \sum_{i \in I} \sum_{j \notin I} p_i(g) p_{ij}(g) + p_g = p_g$$

因此

$$\lim_{g \to \infty} p_g = 0$$

又因为

$$\lim_{g \to \infty} \{f_g = f^*\} = 1 - \lim_{g \to \infty} \sum_{i \in I} p_i(g) = 1 - \lim_{g \to \infty} p_g$$

所以

$$\lim_{g \to \infty}\{f_g = f^*\} = 1$$

定理 2 得证。

3.4　仿真实验与结果分析

算法在 Windows 环境下，使用 MATLAB7.0 进行编程实现。实验结果采用 MSRM、MMR、MPF 来衡量。为了验证本算法(chaos quantum clonal algorithm-spectrum allocation，CQCA-SA)的性能，与目前求解此问题经典的颜色敏感图着色算法（color sensitive graph coloring，CSGC）及遗传算法求解频谱分配(genetic algorithm-spectrum allocation，GA-SA)、量子遗传算法求解频谱分配(quantum genetic algorithm-spectrum allocation，QGA-SA)作了比较。比较实验中使用相同的 **L**、**B**、**C**，并将算法运行 50 次，取平均结果。

3.4.1　实验数据的生成

实际应用中，由于认知无线网络系统进行频谱分配的时间相对于频谱环境变化的时间很短，因此，假设系统为无噪声、不移动的网络结构，即在系统一次完整的频谱分配过程中，矩阵 **L**、**B**、**C**、**D** 保持不变。**L**、**B**、**C** 矩阵的生成采用文献[12]中附录 1 提供的伪代码产生：空闲矩阵 **L** 为随机生成的 $N \times M$ 的 0,1 二元矩阵，并保证每 1 列最少有一个元素为 1(有一个频谱可用)；收益矩阵 **B** 为 $N \times M$ 的随机矩阵，干扰矩阵集合 **C** 各矩阵为随机生成的 0,1 二元对称矩阵。每个次用户需求矩阵 **D** 的值随机生成并不大于总信道数量。同时，各矩阵元素的值必须同时满足 3.2.2 节定义的约束条件(详见 3.2.2 节定义 2 和定义 3)。N 取值为 1~20，M 取值为 1~30。更详细的介绍请参考文献[12]。

3.4.2　相关算法参数的设置

为了便于比较，算法参数设置与文献[15]保持一致。三种算法中，种群规模均设置为 $s = 20$，最大进化代数均为 g_{max} =200。其中 GA-SA 中，交叉概率为 0.8，变异概率为 0.01，每一代种群更新比例为 85%；QGA-SA 中，量子门旋转角度从 0.1π ~ 0.005π (按进化代数线性递减)；本算法 (QICA-SA) 中，其他参数的取值如下：$t = 0.3 \times s$，克隆控制参数 $\eta = 0.3$，$v = 0.2 \times s$，$\lambda_0 = 2$。

3.4.3　实验结果及对比分析

表 3.1 和表 3.2 是 50 次实验所得到的平均收益，其中表 3.1 中，$M = N$=5；表 3.2 中，$M - N - 20$。

表 3.1　网络收益比较($M=N=5$)

进化次数	算法	MSRM	MMR	MPF
20	CQCA-SA	82.60	22.60	57.38
	QGA-SA	81.05	21.23	55.67
	GA-SA	76.37	20.58	52.46
100	CQCA-SA	89.88	23.28	58.86
	QGA-SA	89.30	22.70	56.75
	GA-SA	88.42	21.60	53.98
200	CQCA-SA	89.88	23.28	58.86
	QGA-SA	89.30	22.70	56.74
	GA-SA	88.48	22.54	54.23
	CSGC	83.26	20.27	50.02

表 3.2　网络收益比较($M=N=20$)

进化次数	算法	MSRM	MMR	MPF
20	CQCA-SA	104.86	29.98	62.68
	QGA-SA	103.86	28.98	65.48
	GA-SA	100.37	27.56	52.38
100	CQCA-SA	108.74	36.38	83.63
	QGA-SA	105.72	33.65	85.76
	GA-SA	100.82	32.68	76.34
200	CQCA-SA	108.74	36.38	88.63
	QGA-SA	105.72	33.65	85.76
	GA-SA	102.82	32.80	78.65
	CSGC	98.74	30.23	60.12

　　为了便于比较，将相关算法在每一代获得的平均收益显示于图 3.1～图 3.3。图中 $M=N=20$。

　　从表 3.1、表 3.2 以及图 3.1～图 3.3 中可以看出，本算法 CQCA-SA 在网络收益的三个指标上整体优于 CSGC 算法、GA-SA 算法及 QGA-SA 算法，仅在部分情况下比较接近。在 MPF 指标上，虽然 QGA-SA 在开始结果好于本算法，但在进化 100 次之后，收益还是低于本算法。算法在 40 次迭代之后，其他三种算法的收益均好于 CSCG 算法。同时，从图中也可以看出，在迭代速度上，基于混沌量子克隆的算法 CQCA-SA 在运行 60 代后趋于收敛，QGA-SA 在 100 代后算法收敛，均快于普通 GA-SA。由于 CQCA-SA 算法采用了克隆变异等操作，在网络收益上取得了更好的效果，表明本算法寻优能力较强。综上所述，本算法具有较好的表现性能。

　　为了进一步对比算法的性能，验证了在次用户固定，随着可用频谱的增加，相关算法的性能变化。这里 $N=5$。实验结果表明，随着可用频谱数的增加，系统收益一直在递增，本章算法在收益增加方面优于已有的三种算法，进一步表明了本章算法的有效性。图 3.4 所示为可用频谱对相关算法的系统平均收益 MMR 影响示意图。

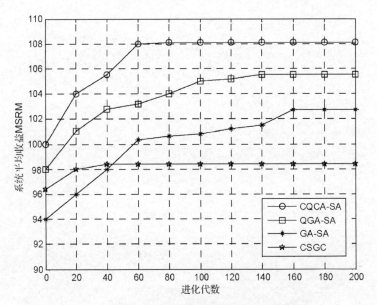

图 3.1　相关算法随进化代数变化的 MSRM 收益

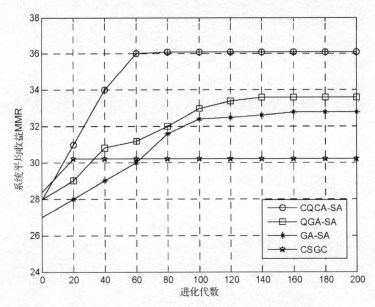

图 3.2　相关算法随进化代数变化的 MMR 收益

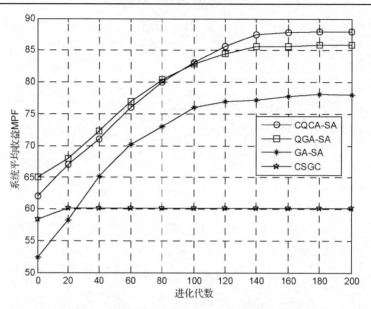

图 3.3　相关算法随进化代数变化的 MPF 收益

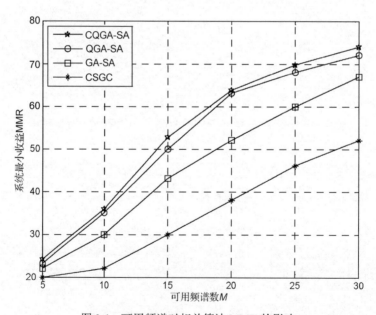

图 3.4　可用频谱对相关算法 MMR 的影响

　　同时，也验证了在可用频谱 M = 20 已知的情况下，次用户数变化对系统收益的影响。实验结果表明：随着次用户数的增加，系统收益降低，但本章算法得到的收益高于相应的三种算法，验证了本算法的优越性。图 3.5 所示为用户数量对相关算法系统平均收益 MMR 影响示意图。

　　此外，理想最优分配方案可以作为性能分析所能达到的上限，因此经常用作对比分析。表 3.3 给出了各种算法得到的网络收益与理想最优值的比较，理想最优值由穷举搜索得到。由于寻求最优的分配方案是一个 NP 问题，空间随着规模的增加呈指数增长，为保证穷举搜索计算复杂度的可行性，书中设置 $M = N = 5$。相对误差的计算方法如下：若某次实验算法得到的网络收益最优值为 T，理想最优值为 T_{opt}，则相对误差为 $1-(T/T_{opt})$。

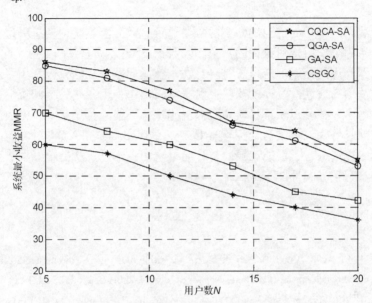

图 3.5　用户数量对相关算法 MMR 的影响

表 3.3　相关算法与最优值的比较

进化代数	算法	相对误差/%		
		MSRM	MMR	MPF
20	CQCA-SA	0	0	0
	QGA-SA	0	0	0.237
	GA-SA	0.056	3.569	3.389
100	CQCA-SA	0	0	0
	QGA-SA	0	0	0.012
	GA-SA	0.028	2.682	2.342
200	CQCA-SA	0	0	0
	QGA-SA	0	0	0.001
	GA-SA	0	2.544	3.650
	CSGC	0.622	3.238	6.124

　　从表 3.3 的结果可以看出，本算法在 20 次迭代之后，在三个衡量指标上均可以找

到最优解。QGA-SA 算法性能在 20 次迭代之后，在 MSRM、MMR 指标上可以找到最优解，而在 MPF 上还略有偏差。而 GA-SA 算法在 200 次迭代之后，只有在 MSRM 指标上可以找到最优解。而所有三种方法的性能均优于 CSCG。从上面的分析可以看出，本算法寻优能力较强，具有一定的优越性。

3.5 本 章 小 结

认知无线网络中，如何对感知到的频谱进行有效分配是实现动态频谱接入的关键技术。本章考虑了次用户对频谱的需求，对频谱分配模型进行了改进，并将其转换为一个优化问题，进而使用混沌量子克隆算法求解此问题。算法充分利用了混沌的遍历性、量子算法的高效性，设计的算法在量子旋转门中使用了两种不同幅值的混沌变量改变转角的大小，并且对于量子转角方向的确定，不使用传统基于查询表的方式，提高了算法的搜索效率。通过仿真实验与 CSGC、GA-SA、QGA-SA 等求解认知无线网络频谱分配的算法进行了性能比较。仿真结果表明：本章算法能更好地实现网络收益的最大化，具有较好的性能。

参 考 文 献

[1] Akyildiz I, Li W Y, Vuran M, et al. Next generation/dynamic spectrum access/cognitive radio wireless networks: A survey. Computer Networks Journal, 2006, 9(2): 2127-2159.

[2] Ji Z, Liu K J R. Dynamic spectrum sharing: A game theoretical overview. IEEE Communications Magazine, 2007, 45(5): 88-94.

[3] Niyato D, Hossain E. Competitive pricing for spectrum sharing in cognitive radio networks: Dynamic game, inefficiency of nash equilibrium, and collusion. IEEE Journal on Selected Areas in Communications, 2008, 26(1): 192-202.

[4] Zou C, Jin T, Chigan C, et al. QoS-aware distributed spectrum sharing for heterogeneous wireless cognitive networks. Computer Networks, 2008, 52(4): 864-878.

[5] 王钦辉, 叶保留, 田宇, 等. 认知无线电网络中频谱分配算法. 电子学报, 2012, 40(1): 147-154.

[6] Gandhi S, Buragohain C, Cao L L, et al. A general framework for wireless spectrum auctions. IEEE Communications Magazine, 2007, 32(8): 22-33.

[7] Ji Z, Liu K J R. Multi-stage pricing game for collusion resistant dynamic spectrum allocation. IEEE Journal on Selected Areas in Communications, 2008, 26(1): 182-191.

[8] Wang F, Krunz M, Cui S. Price-based spectrum management in cognitive radio networks. IEEE Journal of Selected Topics in Signal Processing, 2008, 2(1): 74-87.

[9] Gandhi S, Buragohain C, Cao L, et al. Towards real time dynamic spectrum auctions. Computer Networks, 2008, 52(4): 879-897.

[10] 徐友云, 高林. 基于步进拍卖的认知无线网络动态频谱分配. 中国科学技术大学学报, 2009, 39(10): 1064-1069.

[11] Wang W, Liu X. List-coloring based channel allocation for open-spectrum wireless networks. IEEE Vehicular Technology Conference, New York, 2005: 690-694.

[12] Peng C Y, Zheng H T, Zhao B Y. Utilization and fairness in spectrum assignment for opportunistic spectrum access. Mobile Networks and Applications, 2006, 11(4): 555-576.

[13] 廖楚林, 陈吉力, 唐友喜, 等. 认知无线电中的并行频谱分配算法. 电子与信息学报, 2007, 29(7): 1608-1611.

[14] 郝丹丹, 邹仕洪, 程时端. 开放式频谱系统中启发式动态频谱分配算法. 软件学报, 2008, 19(3): 479-491.

[15] Zhao Z J, Peng Z, Zheng S L, et al. Cognitive radio spectrum allocation using evolutionary algorithms. IEEE Transactions on Wireless Communications, 2009, 8(9): 4421-4425.

[16] 赵知劲, 彭振, 郑仕链, 等. 基于量子遗传算法的认知无线电频谱分配. 物理学报, 2009, 58(2): 1358-1363.

[17] 柴争义, 刘芳. 基于免疫克隆选择优化的认知无线网络频谱分配. 通信学报, 2010, 31(11): 92-100.

[18] 李士勇, 李盼池. 量子计算与量子优化算法. 哈尔滨: 哈尔滨工业大学出版社, 2009.

[19] 孙杰, 郭伟, 唐伟. 认知无线多跳网中保证信干噪比的频谱分配算法. 通信学报, 2011, 60(11): 345-349.

[20] 柴争义, 刘芳, 朱思峰. 混沌量子克隆算法求解认知无线网络频谱分配问题. 物理学报, 2011, 60(6): 828-835.

第 4 章   基于并行免疫优化的频谱分配

4.1   概   述

无线频谱是不可再生的稀缺资源。随着无线通信业务的迅速发展，无线频谱资源越发紧缺。已有的研究表明，固定频谱管理体制造成了频谱资源的巨大浪费[1]。认知无线网络中，认知用户(次用户)通过对授权用户(主用户)授权频谱的"二次利用"，有效提高了频谱使用效率，被认为是目前解决频谱资源供需矛盾的最有效途径之一[2,3]。

频谱分配是提高频谱利用率的关键问题之一，已经成为认知无线网络研究者关注的热点问题。频谱分配的主要目的是在认知用户、网络 QOS 等需求下，有效分配可用频谱资源，达到最优状态。目前，频谱分配有多种分类方式。针对不同的应用场景，现有的频谱分配方法主要包括博弈论、拍卖理论、图着色理论等方法[4]。本书主要研究基于合作的分布式完全受限频谱分配算法，主要基于图着色理论实现。在基于图论的已有研究中，颜色敏感图着色(color sensitive graph coloring，CSGC)算法[5]是最具代表性的成果之一，详细给出了基于图论的频谱分配模型，并对效益和公平性进行了较详尽的分析。基于图论的频谱分配是一个优化问题，其最优着色算法是一个 NP 难问题[6]，智能优化是求解此类问题的有效途径。为了降低算法的复杂度，文献[6]将遗传算法引入频谱分配，实现了较好的分配结果并降低了求解复杂度。此后免疫算法[7]、粒子群算法[8]、蚁群算法[9]等智能算法相继用来提高求解效果。

然而，已有的算法更多的关注网络的总体收益，对如何减少算法运行时间的研究并不多。实际上，由于可用频谱信息的动态变化，实时性要求是认知无线网络频谱分配区别于其他无线通信频谱分配的最重要特点之一，因此，频谱分配时间应该尽可能短。基于此，本章提出一种基于并行免疫的频谱分配算法，减少算法的计算时间。实验结果表明，本章算法所需时间更短，具有较好的加速比和效率。

4.2   认知无线网络的频谱分配模型

认知无线网络频谱分配模型可以用以下矩阵表示[4-9]：可用频谱矩阵 L(Leisure)、效益矩阵 B(Benefit)、干扰矩阵 C(Constraint)、分配矩阵 A(Allocation)。

假设有 N 个认知用户，可用频谱数为 M，频谱间相互正交。对各个矩阵说明如下。

（1）可用频谱矩阵 $\boldsymbol{L}$。可用频谱矩 $L=\left\{l_{n,m}\mid l_{n,m}\in\{0,1\}\right\}_{N\times M}$，$l_{n,m}=1$ 表示认知用户 $n(1\leqslant n\leqslant N)$ 可以使用频谱 $m(1\leqslant m\leqslant M)$，$l_{n,m}=0$ 表示认知用户 n 不能使用频谱 m。

（2）效益矩阵 $\boldsymbol{B}$。在同一个可用频谱上，不同的认知用户获得的效益用效益矩阵 $\boldsymbol{B}=\left\{b_{n,m}\right\}_{N\times M}$ 表示，即用户 $n(1\leqslant n\leqslant N)$ 使用频谱 $m(1\leqslant m\leqslant M)$ 后得到的收益。很显然，当 $l_{n,m}=0$ 时，必有 $b_{n,m}=0$，即只有可用频谱才有收益矩阵。

（3）干扰矩阵 $\boldsymbol{C}$。不同的认知用户使用同一可用频谱可能产生干扰，用干扰矩阵 $\boldsymbol{C}$ 表示：$\boldsymbol{C}=\left\{c_{n,k,m}\mid c_{n,k,m}\in\{0,1\}\right\}_{N\times N\times M}$。其中，$c_{n,k,m}=1$ 表示认知用户 n 和 k $(1\leqslant n,k\leqslant N)$ 同时使用频谱 m $(1\leqslant m\leqslant M)$ 会产生干扰，反之，$c_{n,k,m}=0$。干扰矩阵 $\boldsymbol{C}$ 由可用频谱矩阵 $\boldsymbol{L}$ 决定。当 $n=k$ 时，$c_{n,n,m}=1-l_{n,m}$，并且满足 $c_{n,k,m}\leqslant l_{n,m}\times l_{k,m}$，即只有频谱 m 同时对认知用户 n 和 k 可用时，才可能产生干扰。

（4）无干扰分配矩阵 $\boldsymbol{A}$。将可用、无干扰的频谱分配给认知用户，得到无干扰分配矩阵：$A=\left\{a_{n,m}\mid a_{n,m}\in\{0,1\}\right\}_{N\times M}$，$\boldsymbol{A}$ 取 0 或者 1，其中 $a_{n,m}=1$ 表示将频谱 m 分配给认知用户 n，反之，为 0。分配矩阵必须满足 $\boldsymbol{C}$ 定义的如下约束条件：

$$a_{n,m}\times a_{k,m}=0,\quad 如果\ c_{n,k,m}=1,\ \forall n,\ k<N,\ m<M$$

从上面的描述可知，满足条件的分配矩阵 $\boldsymbol{A}$ 不止一个，用 $\Lambda N,M$ 表示所有 $\boldsymbol{A}$ 的集合。给定某一无干扰频谱分配 $\boldsymbol{A}$，次用户 n 获得的总收益用效益向量 $\boldsymbol{R}$ 表示：

$$\boldsymbol{R}=\left\{r_n=\sum_{m=1}^{M}a_{n,m}\times b_{n,m}\right\}_{N\times 1}$$

频谱分配的目标是最大化网络效益 $U(\boldsymbol{R})$，则可表示为如下所示的优化问题：

$$A^{*}=\mathop{\arg\max}\limits_{A\in\Lambda(L,C)N,M}U(R)$$

式中，$\arg(\cdot)$ 表示求解网络效益最大时所对应的频谱分配矩阵 $\boldsymbol{A}$。因此，A^{*} 即为所求的最优无干扰频谱分配矩阵。

$U(\boldsymbol{R})$ 有不同的表示形式[4-9]，考虑流量和公平性需求，这里 $U(\boldsymbol{R})$ 定义为平均最大化网络收益总和：

$$U_{\text{mean}}=\frac{1}{N}\sum_{n=1}^{N}r_n=\frac{1}{N}\sum_{n=1}^{N}\sum_{m=1}^{M}a_{n,m}\times b_{n,m}$$

4.3　并行免疫优化算法主要思想

在智能优化中，为了加快算法的收敛速度，同时又不希望牺牲种群多样性，算法的并行实现是一个有效途径。人工免疫优化的并行化模型主要借鉴进化算法实现，有主从式并行模型、粗粒度并行模型、细粒度并行模型[10-12]。本书中，采用简单易实现的主从式并行模型。主从式是一种单种群进化模型，分为主进程和从进程，主进程执行进化操作算子，从进程分别计算每个抗体的亲和度值，主进程和从进程交替工作。

人工免疫优化中，抗体映射为问题的候选解，免疫优化算法通过初始化、亲和度评价、克隆扩增、克隆变异、克隆选择等过程对抗体进行优化，最终得到所需的解[13]。对免疫优化算法，传统的串行算法中，在克隆个体后，循环计算每个个体的亲和度。在并行计算中，可以把循环进行分解，也就是把要计算适应度的个体通过消息发送到集群中的多个节点中，然后并行计算亲和度，最后各个节点把计算好的亲和度传送回来。

并行算法流程简单描述如下。

(1)主节点获得处理器(CPU)个数 X 和种群规模 Y。

(2)计算每个节点要计算的个体数目 Z。每个CPU要计算的个体为 $Z = \lfloor X/Y \rfloor$(向下取整)，剩余的个体发送给编号较大的CPU。因此，每个CPU接收到的个体数目最多只相差一个。

(3)主节点发送个体编码到从节点，各个从节点并行计算亲和度，并发送回主节点，主节点接收从节点返回的亲和度值。

4.4　基于并行免疫优化的频谱分配具体实现

从上面的描述可知，频谱分配问题具体描述为：在可用频谱矩阵 L、效益矩阵 B、干扰矩阵 C 已知的情况，如何找到最优的频谱分配矩阵 A，使得网络效益 $U(R)$ 最大。

4.4.1　关键技术

针对频谱分配问题，本书设计的免疫优化算法关键技术说明如下。

(1)抗体编码方式。编码是将要求解的问题映射为免疫抗体的过程。根据问题特点，要求得分配矩阵 A，最简单的是采用矩阵编码。但由于可用频谱矩阵 L 中很多元素为 0，导致相应分配矩阵 A 中很多元素也为 0。因此，采用矩阵存储将浪费存储空间。本书仅对 L 中值为 1 的元素所对应的 A 中的元素进行二进制编码，故抗体长度为 L 中值为 1 的元素个数 $l = \sum_{n=1}^{N}\sum_{m=1}^{M} l_{n,m}$，每个抗体代表了一种可能的频谱分配方案。这种编码方式有效减少了搜索空间。

(2)抗体编码表示到分配矩阵 A 的映射。分别记录矩阵 L 中值为 1 的元素对应的 n 与 m，并将其按照先 n 递增、后 m 递增的方式保存在 L_1 中，即 $L_1 = \{(n,m) \mid l_{n,m} = 1\}$。

显然，L_1 中元素个数为 l。将种群中每个抗体的每一位 $j(1 \leqslant j \leqslant l)$ 映射为矩阵 A 的元素 $a_{n,m}$，其中 (n,m) 的值为 L_1 中相应的第 j 个元素 $j(1 \leqslant j \leqslant l)$。

(3)亲和度函数的表示。由于频谱分配的目标是实现最大化网络效益 $U(R)$，故本书直接将 $U(R)$ 作为亲和度函数。

4.4.2 算法实现步骤

本书设计的算法基本步骤如下。（注：P 表示抗体种群，P 表示一个抗体。）

(1)初始化。

设进化代数 g 为 0，种群规模为 s(size)，按照前面所述的编码方式，随机初始化种群 $P(g) = \{P_1(g), P_2(g), \cdots, P_s(g)\}$。

(2)抗体表示到频谱分配方案的映射。

通过抗体映射方式，将每一个抗体映射为相应的分配矩阵 A，即为一种可能的频谱分配方案。

(3)干扰约束的处理。

随机产生的抗体所对应的分配矩阵 A 不一定满足干扰矩阵 C，所以，必须进行修正。具体实现如下：对任意 m，如果 $c_{n,k,m} = 1$，则查看矩阵 A 中第 m 列的第 n 行和第 k 行元素值是否同时为 1。若是，则随机将其中一个位置 0，另一位保持不变。此时得到的分配矩阵 A 则为经过约束处理的可行解；同时，对相应的抗体表示进行映射，更新 $P(g)$。

(4)按照上面所示的并行化过程对 $P(g)$ 进行亲和度函数评价。

对 $P(g)$ 中的 s 个抗体进行亲和度计算，结果按从大到小降序排序，亲和度最大的抗体所对应的分配矩阵 A 即为所求的最优频谱分配方案。

(5)终止条件判断。

如果达到设置的最大进化次数 g_{max}，则算法终止，将抗体种群中亲和度最高的抗体映射为 A 的形式，即得到了最佳的频谱分配；否则，转步骤(6)。

(6)克隆扩增 T_g^C。

对 $P(g)$ 中的抗体进行自适应克隆[14]，即抗体的亲和度越高，抗体浓度越小，克隆规模越大。这样有利于保持种群多样性，避免早熟收敛。克隆过后，抗体种群记为 $P'(g)$。

(7)克隆变异 T_g^m。

依据概率 P_m 对种群 $P'(g)$ 进行基本位变异[15]操作 T_g^C，得到抗体种群 $P''(g)$。

(8)克隆选择 T_s^c。

如果克隆后的种群规模小于 s，则随机产生新抗体进行补充[16,17]；否则，取前 s 个抗体组成新的抗体种群，记为 $P(g+1) = T_s^c(P''(g))$；转步骤(2)。

4.5　仿真实验与结果分析

4.5.1　算法仿真环境和参数设置

算法在并行计算实验室 HPC 集群机上进行了实现。集群有 1 个管理节点，1 个 I/O 节点，32 个常规计算节点，操作系统为 RedHat Enterprise Linux AS，使用 C+MPI 进行编程实现。MPI 是消息传递模型目前的国际标准[10]。实验过程中，矩阵 L、B、C 的生成采用文献[5]中附录 1 提供的伪代码产生，并且保证其满足相应的约束。免疫算法中参数的取值如下：最大进化代数 g_{max} =200，种群规模 s = 20，变异概率 p_m = 0.1，克隆规模控制参数 n_c = 5，使用的 CPU 个数为 1～8 个。

4.5.2　实验结果及分析

为了验证本算法的性能，与目前求解频谱分配问题经典的 CSGC 算法[5]及本课题前期的免疫克隆选择算法作了比较[7]。这两个算法是串行算法，在 I/O 节点上运行。实验结果使用网络收益总和来衡量。

为了公平，在算法比较实验中，使用代码产生相同的 L、B、C，使用同样的参数设置，并将算法运行 50 次，取平均结果。

表 4.1 是 50 次实验所得到的平均收益，其中分别为 M=N=5 和 M=N=20（M 表示可用频谱，N 表示认知用户）。

从表 4.1 中可以看出，本章算法在网络收益上高于对比算法。同时，也可以看出，随着迭代次数的增加（CSCG 是确定性算法，不随迭代次数变化），本章算法收敛速度快于串行免疫算法，说明了本章算法有较快的求解速度。

表 4.1　网络收益比较

迭代次数	算法	网络收益	
		M=N=5	M=N=20
20	本章算法	82.05	105.26
	文献[7]算法	81.68	104.26
100	本章算法	89.88	109.26
	文献[7]算法	89.50	108.54
200	本章算法	89.88	109.26
	文献[7]算法	89.58	108.56
CSGC（文献[5]）		83.26	98.74

为了进一步对比算法的性能，实验验证了在认知用户 N 固定，随着可用频谱 M 的增加，相关算法的性能变化。这里 N=10。结果如图 4.1 所示。

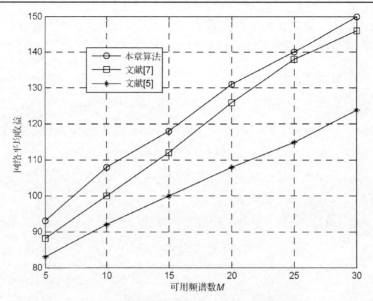

图 4.1　可用频谱对相关算法网络收益的影响

从图 4.1 可以看出，随着可用频谱数 M 的增加，网络收益一直在递增。本章算法在收益增加方面优于已有的两种算法，进一步表明了本章算法的有效性。

同时，实验也验证了在可用频谱 M 已知的情况下，认知用户数变化对网络收益的影响，结果如图 4.2 所示。

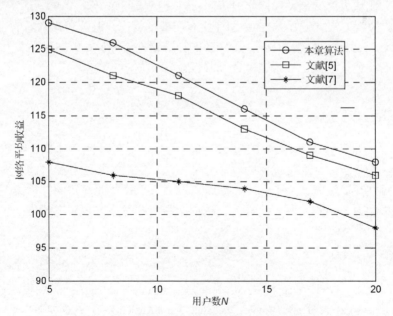

图 4.2　用户数量对相关算法网络平均收益的影响

实验结果表明：随着认知用户数的增加，系统收益降低，但本章算法得到的收益高于相应的两种算法，证明了本章算法的优越性。

4.5.3 并行算法的性能分析

衡量并行算法相对收益的指标一般使用加速比和效率分析[10-12]。加速比 $s_p = t_s / t_p$，其中 t_s 是求解一个问题的串行算法的运行时间，而 t_p 是求解同一个问题的并行算法的运行时间。可见，加速比是算法的并行性对运行时间改进的程度。效率 $E_p = s_p / p$，其中 p 为处理器的个数，效率反映了并行系统中处理器的有效利用情况。这里使用本章算法和串行免疫克隆算法[7]进行比较。

表 4.2 是在不同处理器个数下，频谱分配算法运行时间、加速比、效率情况。

表 4.2 算法并行效果

CPU 个数	运行时间/s	加速比	效率
1	202.4	1.00	1.0000
2	120.5	1.86	0.9300
4	70.2	3.54	0.8850
8	38.8	5.26	0.6575

从表 4.2 可以看出，随着 CPU 数目的成倍增加，算法所需时间有所减少，但都是以小于 1/2 的比率减少。主要原因在于：①并行程序部分简单，这使得顺序程序部分执行的百分比增大；②硬件和网络设置也存在一些限制因素。

此外，随着 CPU 个数的增加，加速比有明显的提高，但效率有所降低。这主要是由于随着 CPU 个数不断增加，每个 CPU 的计算量在不断减小，这样数据传送时间与整个时间的比值就越大，导致效率逐渐降低。

4.6 本 章 小 结

频谱分配是认知无线网络中的关键问题之一，而实时性是其显著特点之一。本章提出了一种基于并行免疫优化的频谱分配算法，缩短了算法分配时间，对认知频谱分配的实时性有促进意义。下一步将继续研究并行免疫优化算法的并行模型、子种群规模和计算能力之间的关系。此外，负载均衡和程序优化等也还需要进一步的研究。

参 考 文 献

[1] Akyildiz I, Li W Y, Vuran M, et al. Next generation/dynamic spectrum access/cognitive radio wireless networks: A survey. Computer Networks Journal, 2006, (92): 2127-2159.

[2] 魏急波, 王杉, 赵海涛. 认知无线网络: 关键技术与研究现状. 通信学报, 2011, 32(11):

147-158.

[3]　Wang B B, Liu K J R. Advances in cognitive radio networks: A survey. IEEE Journal of Selected Topics in Signal Processing, 2011, 5(1): 5-23.

[4]　王钦辉, 叶保留, 田宇, 等. 认知无线电网络中频谱分配算法. 电子学报, 2012, 40(1): 147-154.

[5]　Peng C Y, Zheng H T , Zhao B Y. Utilization and fairness in spectrum assignment for opportunistic spectrum access. Mobile Networks and Applications, 2006, 11(4): 555-576.

[6]　Zhao Z J, Peng Z, Zheng S L. Cognitive radio spectrum allocation using evolutionary algorithms. IEEE Transactions on Wireless Communications, 2009, 8(9): 4421-4425.

[7]　柴争义, 刘芳. 基于免疫克隆选择优化的认知无线网络频谱分配. 通信学报, 2010, 59(10): 91-100.

[8]　Tang M Q, Long C N, Guan X P, et al. Nonconvex dynamic spectrum allocation for cognitive radio networks via particle swarm optimization and simulated annealing. Computer Networks, 2012, (56): 2690-2699.

[9]　杨淼, 安建平. 认知无线网络中一种基于蚁群优化的频谱分配算法. 电子与信息学报, 2011, 33(10): 2306-2311.

[10]　朱虎明, 焦李成. 并行免疫克隆特征选择算法. 西安电子科技大学学报(自然科学版), 2008, 35(5): 853-857.

[11]　Jacobsen D A, Senocak I. Multi-level parallelism for incompressible flow computations on GPU clusters. Parallel Computing, 2013, 39(1): 1-20.

[12]　戚玉涛, 焦李成, 刘芳. 基于并行人工免疫算法的大规模 TSP 问题求解. 电子学报, 2008, 36(8): 1552-1558.

[13]　尚荣华, 焦李成, 胡朝旭, 等. 修正免疫克隆约束多目标优化算法. 软件学报, 2012, 23(7): 1773-1786.

[14]　Gong M G, Chen X W, Ma L J, et al. Identification of multi-resolution network structures with multi-objective immune algorithm. Applied Soft Computing, 2013, 13(4): 1705-1717.

[15]　Gong M G, Zhang L G, Ma J J, et al. Community detection in dynamic social networks based on multiobjective immune algorithm. Journal of Computer Science and Technology, 2012, 27(3): 455-467.

[16]　柴争义, 李亚伦, 朱思峰. 多目标拟态物理优化算法求解认知参数优化问题. 电子学报, 2015, 43(8): 1526-1530.

[17]　柴争义, 王秉, 李亚伦. 基于拟态物理学优化的认知无线电网络频谱分配. 物理学报, 2014, 63(22): 433-438.

第5章 认知Mesh网络中基于免疫多目标优化的频谱分配

5.1 概　述

频谱是一种不可再生的有限资源。随着无线通信业务的不断发展和广泛应用，无线频谱资源日益紧缺。在目前静态的条状分配模式下，频谱资源的利用率较低。频谱资源紧缺和浪费共存。认知无线电被认为是解决无线频谱资源紧缺的一个有效途径[1]。在认知无线电网络中，用户分为主用户(也称授权用户)和次用户(认知用户)两类。认知用户可以在不干扰授权用户的情况下，机会使用频谱资源，提高了频谱资源的利用率。无线网状网(无线 Mesh 网)是一种新型的无线网络，融合了无线局域网和 Ad hoc 网络的优势，具有组网灵活、大容量、高速率、覆盖范围广等特点，适合于宽带无线网络的骨干传输环境，受到了业界的广泛关注[2]。

无线 Mesh 网络作为下一代宽带接入系统的骨干网络，频谱缺乏问题仍然存在，制约着其部署和应用。将认知无线电技术应用于无线 Mesh 网络中具有潜在的优势。将认知无线电和宽带无线 Mesh 网络相结合的无线网络称为认知无线 Mesh 网络(cognitive wireless mesh network，CWMN/CogMesh)，具有认知和重配置能力。在 CWMN 中，每个 Mesh 节点使用认知无线电技术，智能感知空闲的频谱并进行动态机会接入，并重配置传输功率、调制方式等避免对授权用户造成干扰，提高无线频谱资源的利用率。因此，CWMN 在异构网络融合和提高无线资源利用率方面具有巨大潜力，得到了研究者的普遍关注[3-5]。

目前，关于 CWMN 的研究仍处于初期阶段。本书主要关注 CWMN 中，认知 Mesh 节点已经获得可用频谱后，如何进行最优的频谱分配。频谱分配一直是无线网络研究领域的热点问题。然而，由于 CWMN 本身的特点，不论是无线 Mesh 网络的频谱分配[6]还是认知无线网络的频谱分配算法[7]都无法直接应用到认知 Mesh 网络中。针对 CWMN 的频谱分配问题，已有的研究大多是采用线性规划的方法求解某一个目标的优化问题，往往无法达到最优性能[8,9]，如文献[8]提出了认知无线 Mesh 网络中以最小化占用频谱数为目标的频谱分配算法；文献[9]提出了以最大化端到端速率为目标的资源分配算法。文献[10]提出了综合考虑多个频谱分配目标的优化模型和算法，即最大化总带宽和最小化占用频谱数，然而在求解时，通过加权转化为单目标问题，并没有给出算法的最优解集。

频谱分配问题已被证明是 NP-hard 问题，适合用智能优化算法进行求解。人工免疫多目标优化算法是一种高效的智能优化算法，已经在通信等工程领域得到了广泛应用[11,12]。基于此，本书采用免疫多目标优化算法求解认知 Mesh 网络频谱分配问题，寻求多目标优化的最优解集（非支配解集），进而根据用户需求，选择最满意解，优化系统性能。实验结果表明，本书算法能够找到更多优秀解集，满足认知 Mesh 网络中对多个目标同时优化的需求。

5.2　系　统　模　型

假设在一个区域中，随机分布着一些主用户和认知用户，频谱使用方式为交叉共享接入，即当主用户占用频谱时，认知用户将无法使用，只有主用户不使用时，认知用户方可使用。本书将认知无线 Mesh 网络建模为 1 个简单图 $G = (V, E)$。其中，V 表示认知节点的集合（cognitive radio mesh，CRMesh），每个节点 $v_i \in V$ 感知到的可用频谱集合为 k_i；E 是边的集合，表示两个认知节点有公共可用频谱的情况下，是否可以直接进行通信。设定 CRMesh 节点数 $N = |V|$，可用信道数为 $|K|$。

本书频谱分配的一个优化目标是最大化总带宽 B：

$$B = \sum \sum x^k(e_{ij}) * (1 + S_{i,j}^k) * P_{i,j}^k * B_{i,j}^k \tag{5.1}$$

式中，总带宽 B 指的是所有 CRMesh 节点获得的带宽总和。其中，$x^k(e_{ij})$ 表示频谱 k 是否分配无线链路 e_{ij}（其中，$x^k(e_{ij}) = 1$ 表示频谱 k 分配给 e_{ij}，否则为 0）；$S_{i,j}^k$ 表示频谱 k 的稳定度（主用户在频谱上"空闲–占用"切换的次数表示频谱的稳定性）；$P_{i,j}^k$ 表示频谱 k 的可用概率；$B_{i,j}^k$ 表示频谱 k 的带宽。

同时，在最大化带宽总和的情况下，系统需要最小化占用频谱数。占用频谱数指的是所有 CRMesh 节点占用频谱数的总和。占用频谱数越小，其他共存的认知无线网络将有更多的可用频谱，频谱资源利用率越高。假设 θ^k 表示频谱 k 是否被 CWMN 占用，若 $\sum_{k \in K} e_{ij} > 0$，则 $\theta^k = 1$，反之，$\theta^k = 0$。优化目标记为

$$\min \sum_{k \in K} \theta^k \tag{5.2}$$

综上所述，最大化总带宽和最小化频谱占用数这两个优化目标是相互制约的。因此，此问题是一个多目标优化问题。本书需要优化的两个目标函数如下：

$$\max B = \sum \sum x^k(e_{ij}) * (1 + S_{i,j}^k) * P_{i,j}^k * B_{i,i}^k \tag{5.3}$$

$$\min \sum_{k \in K} \theta^k \tag{5.4}$$

对于节点 $v_i, v_j \in V$ 能成功传输数据必须满足以下干扰约束条件：也即对任意节点 $v_q \in V$，在节点 v_i, v_j 的干扰范围内，未使用相同的频谱进行数据传输，即

$$x^k(e_{ij}) = 1 \qquad\qquad (5.5)$$

$$x^k(e_{qj}) = 0 \qquad\qquad (5.6)$$

$$x^k(e_{qi}) = 0 \qquad\qquad (5.7)$$

5.3　算 法 实 现

5.3.1　免疫优化算法

人工免疫系统是一种模拟生物免疫系统原理，用来解决复杂问题的自适应系统，具有自学习、抗噪声、记忆等特点，提供了一种解决问题的新思路。免疫克隆优化算法是人工免疫系统的主要算法之一，主要思想来源于生物获得性免疫的克隆选择原理，已经在通信工程、资源调度等方面得到了广泛应用。

基本免疫克隆优化算法通过随机生成候选解集、亲和度度量、克隆、变异、选择等机制，生成最终解。免疫优化算法已经被用来求解认知无线网络中的频谱分配问题[7]，但由于模型不同，已有算法并无法直接求解认知无线 Mesh 网络中的频谱分配问题。因此，需要针对问题，重新设计新的免疫优化策略。

5.3.2　抗体编码

免疫算法中，抗体对应要求解问题的解[11,12]。抗体编码是免疫问题求解的关键技术之一，主要完成待求解问题的表示。本书主要考虑频谱分配给相应的节点，抗体代表了拓扑图的一个频谱分配方案。因此，本书设计了一种采用 $k+1$ 进制串表示抗体，其中给图的 E 条边从 $1 \sim n$ 进行编号。假设某个抗体的编码表示为 $A_i = a_{i1}, a_{i2}, \cdots, a_{in}$，其中，$n = |E|$ 表示为图中边的条数，$a_{ij} \in \{0\} \bigcup K$；$i \in \{1, 2, \cdots, L\}$，$j \in \{1, 2, \cdots, n\}$；$L$ 为种群中的抗体总数。若 $a_{ij} = 0$，则表示抗体 i 所代表的频谱分配方案中，图 G 中编号为 j 的无线链路没有分配任何频谱；若 $a_{ij} = k$，则表示编号为 i 的无线链路分配的频谱为 k。

5.3.3　亲和度函数

亲和度函数用来衡量抗体的优劣，是进行抗体选择的依据。本书分别将式(5.3)和式(5.4)作为衡量抗体亲和度的函数。其中，式(5.3)最大化总带宽的值越大越好，而式(5.4)最小化频谱占用率的值越小越好。

5.3.4　算法描述

多目标问题与单目标不同，没有唯一的最优解，需要求得算法的最优解(折中解)。本算法由初始化、免疫克隆、克隆变异、克隆选择、抗体群更新等操作组成，算法基本流程如图 5.1 所示。

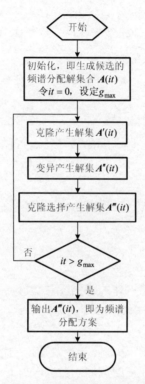

图 5.1　频谱分配算法流程图

具体实现步骤如下。

(1)初始化主要用来产生候选解集。给定抗体种群规模 n，克隆系数 q，最大迭代次数 g_{max}；初始化迭代次数 $it = 0$。

本书初始抗体种群的产生根据抗体编码方式随机生成(具体见 2.1 节抗体编码)，记为

$$A(it) = \{A_1(it), A_2(it), \cdots, A_n(it)\} \tag{5.8}$$

(2)对抗体群 $A(it)$ 进行克隆操作：

$$A'(it) = R_C^P(A(it)) \tag{5.9}$$

本算法中采用的是整体克隆的方式，克隆系数为 q，表示如下：

$$
\begin{aligned}
A'(it) = R_C^P(A(it)) = R_C^P(a_1(it)) + \cdots + R_C^P(a_n(it)) = \{a_1^1(it), a_1^2(it), \cdots, a_1^q(it)\} + \cdots \\
+ \{a_n^1(it), a_n^2(it), \cdots, a_n^q(it)\}
\end{aligned}
\tag{5.10}
$$

(3) 对抗体群 $A'(it)$ 进行变异：

$$A''(it) = R_m^c(A'(it))$$

$$= R_m^c(\{a_1^1(it), a_1^2(it), \cdots, a_1^q(it)\} + \cdots + R_m^c\{a_N^1(it), a_N^2(it), \cdots, a_N^q(it)\}) \quad (5.11)$$

$$= \{a_1'^1(it), a_1'^2(it), \cdots, a_1'^q(it)\} + \cdots \{a_N'^1(it), a_N'^2(it), \cdots, a_N'^q(it)\}$$

式中，$R_m^c(a_n^t(it)) = a_n'^t(it)(n=1,2,\cdots,N, t=1,2,\cdots,q)$ 根据编码方式，具体变异策略为对抗体 $A_i = a_{i1}, a_{i2}, \cdots, a_{in}$，对 a_{ij}，将其依照概率 p_m 变成 $[0,k]$ 中的一个数[16]。

(4) 克隆选择 $A'''(it) = R_C^S(A''(it))$。

克隆选择操作选出非支配抗体，针对多目标优化解集的特点，本书设计的克隆选择操作具体如下。

对抗体群 $A''(it)$ 中的每一个抗体，计算其对应的 2 个目标函数值（亲和度值），将抗体群 $A''(it)$ 划分为两个抗体群：支配抗体群 $A_{\text{dom}}(it)$（抗体个数为 $N_{\text{dom}}(it)$）和非支配抗体群 $A_{\text{non}}(it)$（抗体个数为 $N_{\text{non}}(it)$），并且 $N_{\text{dom}}(it) + N_{\text{non}}(it) = q.N(it)$，克隆选择后得到 $A'''(it) = A_{\text{non}}(it)$ [17]。

(5) 如果 $it > g_{\max}$，则输出抗体群 $A''''(it)$；否则，令 $A(it+1) = A''''(it)$，$it = it+1$，转到第 (2) 步。

5.3.5　算法特点分析

(1) 抗体克隆。由于非支配抗体的优劣无法比较，所以，克隆操作采用整体克隆的方式，即对每一个非支配抗体采用相同的克隆系数。克隆实现了空间的扩张，有利于得到分布较广的前端。

(2) 克隆选择。克隆选择操作中克隆选择之前，先将抗体群中的抗体划分为支配抗体和非支配抗体，保证了只有非支配抗体才能进入到下一代，有利于得到较优的解集。

5.4　实验结果及分析

实验使用 Microsoft Visual C++ 6.0 作为编程工具。仿真实验环境为：假设仿真区域 3000m×3000m 内部署着具有认知能力的 Mesh 节点并均匀分布，区域里存在若干主用户以及可用频谱，主用户随机占用可用频谱，Mesh 节点的传输范围为 50m，各频谱的带宽属于 $[0,10]$，并且随机产生[13-15]。免疫多目标优化算法的参数设置如下：最大进化代数 $g_{\max} = 200$；种群规模 $N = 50$，克隆系数 $q = 4$，变异概率 $p_m = 0.3$。实验结果性能衡量指标包括系统总带宽、占用的频谱数目。算法主要比较可用频谱数和可用节点数对系统总带宽和占用信道的影响。

图 5.2 和图 5.3 所示分别为节点数 N 的变化对系统总带宽和占用频谱数的影响，其中可用频谱数为 20，并与文献[10]对比分析。

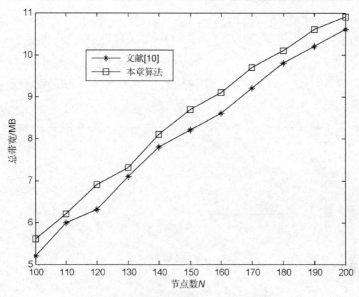

图 5.2 节点数变化对总带宽的影响

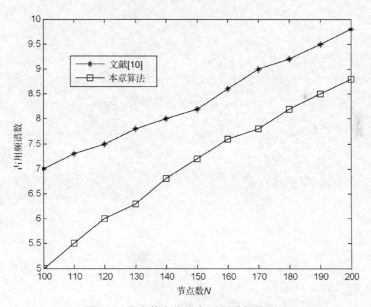

图 5.3 节点数变化对占用频谱数的影响

从图 5.2 和图 5.3 中可以看出，随着节点数 N 的增大，总带宽和占用频谱数也逐渐增大。这是因为：节点数 N 的增大导致有更多的节点可以在不干扰其他节点的情况下进行通信。因此，获得的总带宽和占用的频谱数都相应增大。本章算法的总带宽高于已有文献，占用频谱数少于已有算法，说明本章算法较优。

图 5.4 和图 5.5 所示为可用频谱数对系统总带宽和占用频谱数的影响，其中，节点数 $N=10$。从图中可以看出，随着可用频谱数的增加，用户获得的总带宽和占用的频谱数也逐渐增多。主要原因在于：随着频谱数的增多，存在冲突的两个无线链路有了更多的可用频谱，因此，总带宽和占用频谱数也随着增多。与文献算法相比，本章算法总带宽较大，占用频谱数较小，说明算法性能较好。

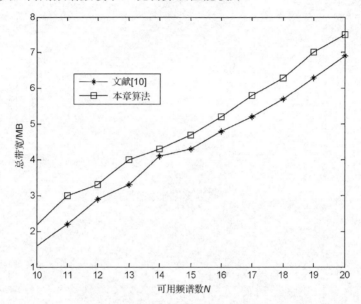

图 5.4　可用频谱数对总带宽的影响

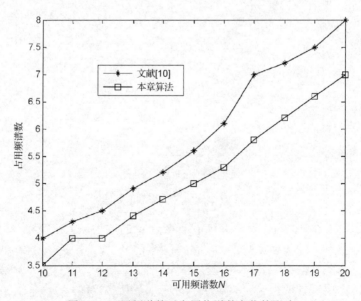

图 5.5　可用频谱数对占用信道数变化的影响

此外，由于采用了免疫多目标优化机制，算法可以求得频谱分配问题的 Pareto 最优解集。表 5.1 列出了在节点数分别为 10、25、50，可用频谱数为 20、60、120 的情况下，算法求得的部分 Pareto 最优解。

表 5.1　部分 Pareto 最优解

节点数	可用频谱数	系统总带宽/MB	占用频谱数
10	20	8.7	5
		9.0	6
25	60	8.5	5
		9.2	7
50	120	9.5	6
		9.2	5

因此，可以根据认知用户偏好信息和需求，运用层次分析法等策略从最优解集合中选择相应的满意解，增加了算法的灵活性。

由于认知用户属于机会接入，通信中一旦主用户出现，认知用户必须退出正在使用的频谱，自适应地平滑移动到其他空闲频谱继续完成通信。因此，频谱切换效率影响认知用户的频谱分配效果。本书中实验主要考虑拓扑结构不变的情况下，即不发生频谱切换的场景下的频谱分配效果。频谱切换效率对频谱分配结果的影响是下一步需要继续研究的内容。

5.5　本 章 小 结

本章提出了一种基于免疫的多目标优化算法求解认知 Mesh 网络中的频谱分配问题，优化最大化系统总带宽和最小化频谱占用率两个目标，实验结果表明了算法的有效性。不同于已有研究，本章求出了频谱分配的 Pareto 最优解集，提高了求解效果和灵活性。频谱分配是个较复杂的问题，会受到主用户活动模型、频谱切换效率等的影响，这也是下一步将继续深入研究的内容。

参 考 文 献

[1]　Akyildiz I, Li W Y, Vuran M, et al. Next generation/dynamic spectrum access/cognitive radio wireless networks: A survey. Computer Networks Journal, 2006, 50(9): 2127-2159.

[2]　仵国锋, 季仲梅, 张静, 等. 认知无线 Mesh 网络. 信息工程大学学报, 2010, 11(4): 429-433.

[3]　Bouabdallah N, Ishibashi B, Boutaba R. Performance of cognitive radio based wireless mesh networks. IEEE Transactions on Mobile Computing, 2011, 10(1): 122-135.

[4]　贾杰, 李燕燕, 陈剑, 等. 认知无线网状网中基于差分演化的功率控制与信道分配. 电子学报, 2013, 31(1): 15-20.

[5] 贾杰, 林秋思, 陈剑, 等. 认知无线 Mesh 网络中联合功率控制与信道分配的拥塞避免. 计算机学报, 2013, 40(5): 1122-1129.

[6] Yong D, Li X. Channel allocation in multichannel wireless mesh networks. Computer Communications, 2011, 34(7): 803-815.

[7] 柴争义, 刘芳. 基于免疫克隆选择优化的认知无线网络频谱分配. 通信学报, 2010, 31(11): 92-100.

[8] Tang J, Hincapié R, Xue G L, et al. Fair bandwidth allocation in wireless mesh networks with cognitive radios. IEEE Transactions on Vehicular Technology, 2010, 59(3): 1487-1496.

[9] Zhang J M, Zhang Z Y, Luo H Y. Joint subchannel, rate and power allocation in OFDMA based cognitive wireless mesh network. Wireless Personal Communications, 2009, 58(3): 1478-1487.

[10] 邝祝芳, 陈志刚. 认知无线 Mesh 网络中一种有效的多目标优化频谱分配算法. 中南大学学报(自然科学版), 2013, 44 (6): 2346-2353.

[11] Gong M G, Chen X W, Ma L J, et al. Identification of multi-resolution network structures with multi-objective immune algorithm. Applied Soft Computing, 2013, 13(4): 1705-1717.

[12] Gong M G, Zhang L J, Ma J J, et al. Community detection in dynamic social networks based on multi-objective immune algorithm. Journal of Computer Science and Technology, 2012, 27(3): 455-467.

[13] Mumey B, Tang J, Judson I R, et al. On routing and channel selection in cognitive radio mesh networks. IEEE Transactions on Vehicular Technology, 2012, 61(9): 1487-1498.

[14] 邝祝芳, 陈志刚, 刘蕙. 一种认知无线 Mesh 网络中负载均衡的组播路由算法. 计算机学报, 2013, 36(3): 521-531.

[15] Lam A Y S, Li V O K, Yu J J Q. Power-controlled cognitive radio spectrum allocation with chemical reaction optimization. IEEE Transactions on Wireless Communications, 2013, 12(7):1234-1241.

[16] 柴争义, 刘芳. 基于免疫克隆选择优化的认知无线网络频谱分配. 通信学报, 2010, 31(11): 92-100.

[17] 柴争义, 刘芳, 朱思峰. 混沌量子克隆算法求解认知无线网络频谱分配问题. 物理学报, 2011, 60(6): 828-835.

第6章 量子免疫算法求解基于认知引擎的频谱决策问题

6.1 概　述

认知无线网络是一种智能的无线网络，其智能主要来自认知引擎[1]。认知引擎的根本目的是根据信道条件的变化和用户需求智能调整无线参数，给出最佳参数配置方案，从而优化通信系统。如何利用认知引擎得到最优决策引起了研究者的普遍关注。从本质上看，认知无线网络的引擎决策是一个多目标优化问题，适合用智能方法求解，因而，不同的研究者提出了不同的解决方案[2-6]。文献[2]首次采用人工智能技术研究认知引擎，并证明了遗传算法适合于无线参数的调整；文献[3]提出了认知引擎决策的数学模型，并通过标准遗传算法求解；文献[4]采用量子遗传算法求解，取得了较好的求解效果。

基于此，本书利用免疫算法较快的收敛速度和寻优能力、混沌搜索的遍历性和量子计算的高效性，对认知引擎决策参数进行分析和调整，并通过多载波环境进行了仿真。结果表明，本算法可以根据信道条件，实时调整无线参数，实现认知引擎决策优化。

6.2 基于认知引擎的频谱决策分析与建模

认知无线网络中，认知用户可以在不影响授权用户的情况下，使用授权用户的空闲频谱，并根据频谱环境的变化自适应地调整传输参数(如传输功率、调制方式等)以提高空闲频谱的使用性能(如更大化传输速率、更小化传输功率等)，从而达到最佳工作状态[7]。由此可见，认知引擎决策需要动态地满足多个目标，如必须适应具体的信道传输条件；必须满足用户的应用需求；必须遵守特定频段的频谱特性等，因此，其是一个动态多目标优化问题。本书根据多载波频谱环境、用户需求以及频谱限制定义出以下3个认知引擎的优化目标函数并进行归一化[2-6]。

(1)最小化传输功率。

$$f_{\text{min-power}} = 1 - \frac{p_i}{N \times P_{\max}}$$

式中，p_i 为子载波 i 的传输功率，$P_{\max}$ 为子载波的最大传输功率，N 为子载波的数目。

(2)最小化误码率 BER(比特错误率)。

$$f_{\text{min-BER}} = 1 - \frac{\lg 0.5}{\lg p_{\text{be}}}$$

式中，p_{be} 为 N 个子信道的平均误码率。具体计算公式根据所采用的调制方式不同而不同，具体见文献[8]。

(3)最大化数据率(吞吐量)。

$$f_{\text{max-throughput}} = \frac{\dfrac{1}{N}\sum_{i=1}^{N}\log_2 M_i - \log_2 M_{\min}}{\log_2 M_{\max} - \log_2 M_{\min}}$$

式中，N 为子载波的数目，M_i 为第 i 个子载波对应的调制进制数，$M_{\max}$ 为最大调制进制数，$M_{\min}$ 为最小调制进制数。

因此，本书所要优化的目标为

$$y = (f_{\text{min-power}}, f_{\text{min-BER}}, f_{\text{max-throughput}})$$

实际中，不同的链路条件、不同的用户需求导致目标函数的重要性也不尽相同。如邮件发送用户希望有最小的误码率；而视频用户则希望有最大化的数据速率。因此，本书使用 $w = [w_1, w_2, w_3]$ 分别表示最小化发射功率、最小化误码率和最大化数据率的权重。权值越大，偏好程度越强，并且权重满足 $w_i \geq 0(1 \leq i \leq 3)$，且 $\sum_{i=1}^{3} w_i = 1$。给定各个目标函数的权重之后,可将三个目标函数转化为如下单目标函数:

$$f = w_1 f_{\text{min-power}} + w_2 f_{\text{min-BER}} + w_3 f_{\text{max-throughput}} \tag{6.1}$$

从上面的分析可知，影响优化目标的主要参数为各个子载波的发射功率和调制方式。因此，本书的认知引擎决策问题即转化为：通过对上述参数的合理调整，实现式(6.1)所示目标函数的最大化。

6.3　算法关键技术与具体实现

6.3.1　关键技术

(1)编码方式。由于决策引擎主要是对参数进行调整，本书使用二进制对每个子载波的调制方式和发射功率进行编码。调制方式包括 BPSK、QPSK、16QAM 和 64QAM 四种，发射功率共有 64 种可能取值，范围设置为 0~25.2dBm，间隔为 0.4dBm[2-6]。假设用 c_1 表示对四种调制方式的编码，则需要 2 位二进制进行编码，取值为 0、1、2、3，依次对应 BPSK、QPSK、16QAM、64QAM；用 c_2 表示对发射功率的编码，由于有 64 种可能取值，故编码位数为 6，编码与发射功率的大小依次对应。因此，抗体长度由 c_1 和 c_2 的编码串联而成，共 8 位。例如，调制方式为 16QAM，发射功率为 24.4dBm，则对应的抗体编码为 10111100。

(2)亲和度函数。免疫算法中，把问题映射为抗原，把问题的解映射为抗体，解的优劣由亲和度函数来衡量。由于本书的目的是要得到满足优化目标所需的参数配置，因此，直接将式(6.1)所示目标函数作为衡量个体性能的亲和度函数。

6.3.2　算法具体步骤

本书设计的算法基本步骤如下。

（注：Q 表示量子种群，q 表示一个量子抗体，P 表示普通抗体种群，p 表示一个普通抗体。）

（1）初始化。设进化代数 g 为 0，抗体种群记作 Q，规模为 n，抗体编码长度为 l，则初始化种群为

$$Q(g) = \{q_1^g, q_2^g, \cdots, q_n^g\}$$

式中，第 i 个抗体 $q_i = \begin{bmatrix} \alpha_i^1 \alpha_i^2 \cdots \alpha_i^l \\ \beta_i^1 \beta_i^2 \cdots \beta_i^l \end{bmatrix}$ $(i=1,2,\cdots,n)$，并且满足 $|\alpha_i^j|^2 + |\beta_i^j|^2 = 1(1 < j < l)$。

为了确保抗体产生的随机性并避免可能出现的冗余，并遍历所有抗体空间，本书初始抗体种群的产生使用 Logistic 映射：

$$x_{i+1}^j = \mu x_i^j (1 - x_i^j)$$

式中，$i=1,2,\cdots,n$，$j=1,2,\cdots,l$，$x_i^j (0 < x_i^j < 1)$ 为混沌变量，$\mu = 4$，此时系统处于完全混沌状态，其状态空间为 $(0,1)$[9]。

具体如下：分别给定混沌变量不同的初始值，利用上式产生 l 个混沌变量 x_i^j，然后用这 l 个混沌变量初始化种群中第一个抗体上的量子位，本书中将 α_i^j、$\beta_i^j (1 < j < l)$ 分别初始化为 $\cos(2x_i^j \pi)$、$\sin(2x_i^j \pi)$。

（2）由 $Q(g)$ 生成 $P(g)$。

通过观察 $Q(g)$ 的状态，生成一组普通解 $p(g) = \{p_1^g, p_2^g, \cdots, p_n^g\}$。每个 $P_i^g (1 < i < n)$ 是长度为 l 的二进制串，由概率幅 $|\alpha_i^j|^2$、$|\beta_i^j|^2$ $(j=1,2,\cdots,l)$ 观察得到。

在本书中，观察方法如下：随机产生一个[0,1]数，若它大于 $|\alpha_i^j|^2$，则取 1，否则，取 0。观察生成的每个抗体 $p_i^g (1 < i < n)$ 代表了一种可能的参数调整方案。

（3）亲和度函数评价。

根据式(6.1)的亲和度函数计算抗体种群的亲和度，并按亲和度大小降序对抗体进行排列，选择前 s 个最佳抗体，保存到记忆种群 $M(g)$。

（4）终止条件判断。

如果达到最大迭代次数 $g_{\max}$，算法终止，将记忆种群 $M(g)$ 中保存的亲和度最高的抗体通过编码方式进行映射，即得到了最佳的参数调整方案(调制方式和传输功率)；否则，转步骤(5)。

(5)克隆扩增 $Q(g)$ 生成 $Q'(g)$。

本书采取对记忆种群中 $M(g)$ 的 s 个抗体进行克隆。具体克隆方法如下：设 s 个抗体按亲和度降序排序为：$P_1^g, P_2^g, \cdots, P_s^g$，则对第 k 个抗体 P_k^g $(1 \leqslant k \leqslant s)$ 克隆产生的抗体数目为

$$N_k = \mathrm{Int}\left(n_c \times \frac{f(P_k^g)}{\sum\limits_{k=1}^{s} f(P_k^g)} \right)$$

式中，$\mathrm{Int}(\cdot)$ 表示向上取整，$n_c > s$ 是控制参数，$f(\cdot)$ 表示抗体的亲和度。上式表明，抗体亲和度越高，克隆产生的抗体个数越多。

(6)对 $Q'(g)$ 进行混沌量子变异，生成新种群 $Q''(g)$。

本书中，量子种群的变异通过量子旋转门改变抗体量子位的相位来实现。转角的确定方法如下：$\Delta \theta_j^k = \lambda_k x_{i+1}^j$。其中，$\lambda_k$ 为克隆幅值。混沌变量 x_{i+1}^j 计算公式为：$x_{i+1}^j = 8x_i^j(1 - x_i^j) - 1$，这样 $\Delta \theta_j^k$ 遍历范围呈现双向性 $[-\lambda_k, \lambda_k]$。对于需要变异的母体，亲和度越高，扩增时所叠加的混沌扰动越小。因此，λ_k 可选为：$\lambda_k = \lambda_0 \exp((k - s)/s)$。其中，$\lambda_0$ 为控制参数，表示对抗体所施加的混沌扰动的大小。

设第 k 个变异母体为

$$q_k = \begin{vmatrix} \cos(\theta_1^k) & \cos(\theta_2^k) & \cdots & \cos(\theta_l^k) \\ \sin(\theta_1^k) & \sin(\theta_2^k) & \cdots & \sin(\theta_l^k) \end{vmatrix}$$

应用量子旋转门变异后的抗体为

$$q_{k\delta} = \begin{vmatrix} \cos(\theta_1^k + \Delta \theta_{1\delta}^k) & \cdots & \cos(\theta_l^k + \Delta \theta_{l\delta}^k) \\ \sin(\theta_1^k + \Delta \theta_{1\delta}^k) & \cdots & \sin(\theta_l^k + \Delta \theta_{l\delta}^k) \end{vmatrix}$$

式中，$\delta = 1, 2, \cdots, N_k$。

(7)克隆选择压缩 $Q''(g)$，生成新个体 $Q(g)$。

为了保持群体规模 n 稳定，对变异后的量子抗体进行解变换，将抗体按照亲和度大小排序，取前 n 个抗体组成新的抗体种群 $Q(g)$。

(8)$g = g + 1$；转步骤(2)。

6.3.3 算法特点和优势分析

(1)抗体采用量子编码，一个抗体上带有多个状态信息，带来了丰富的种群；采用随机观察的方式由量子抗体产生新的个体，能较好保持群体的多样性，有效克服早熟收敛；并且量子具有较好的并行性，所需抗体群体规模较小。

(2)克隆算子使得当前最优个体的信息能够很容易地扩大到下一代来引导变异，

具有高效的局部寻优能力，加快了收敛速度。因此，算法将全局搜索和局部寻优进行了有机的结合。

（3）在量子变异中，根据亲和度的不同施加不同的混沌扰动，增强了局部优化的遍历性。对于转角方向的确定，避免了传统基于查询表的方式[10]，克服了传统的量子非门变异旋转大小固定，方向单一，缺乏遍历性的缺陷。

6.3.4　算法收敛性分析

定理 1　混沌量子克隆算法(chaos quantum clonal algorithm，CQCA)的种群序列 $\{X_g, g \geq 0\}$ 是有限齐次马尔可夫链。

证明　由于 CQCA 采用量子比特抗体 Q，抗体的取值是离散的 0 和 1。本书中抗体的长度为 l，种群规模为 n，种群所在的状态空间大小为 $n \times 2^l$。因而，种群是有限的，而算法中采用的克隆算子(变异、选择等)都与 g 无关[11,12]。因此，X_{g+1} 只与 X_g 有关，即 $\{X_g, g \geq 0\}$ 是有限齐次马尔可夫链。

定理 1 得证。

设 $X(g) = \{x_1, x_2, \cdots, x_n\}$，下标 g 表示进化代数，$X(g)$ 表示在第 g 代时的一个种群，x_i 表示第 i 个体。设 f 是 $X(g)$ 的亲和度函数，令

$$B^* = \{x \mid \max(f(x)) = f^*\}(x \in X(g))$$

称 B^* 为最优解集，其中 f^* 为全局最优值，则有如下定义。

定义 1　设 $f_g = \max\{f(x_i) : i = 1, 2, \cdots, n\}$ 是一个随机变量序列，该变量代表在时间步 g 状态中的最高亲和度。当且仅当

$$\lim_{g \to \infty} p\{f_g = f^*\} = 1$$

则称算法收敛。也就是，当算法迭代到足够多的次数后，群体中包含全局最优解的概率接近 1。

定理 2　本书量子免疫克隆算法 CQCA 以概率 1 收敛。

证明　本算法的状态转移由马尔可夫链来描述。将规模为 n 的群体认为是状态空间 U 中的某个点，用 $u_i \in U$ 表示 u_i 是 U 中的第 i 个状态。

相应地，本算法的 $u_i = \{x_1, x_2, \cdots, x_n\}$。显然，$X_g^i$ 表示在第 g 代种群 X_g 处于状态 u_i，其中随机过程 $\{X_g\}$ 的转移概率为 $p_{ij}(g)$，则 $p_{ij}(g) = p\{X_{g+1}^j / X_g^i\}$。

由于本算法中采用保留最优个体进行克隆选择，因此，对任意的 $g \geq 0$，有 $f(X_{g+1}) \geq f(X_g)$。即种群中的任何一个个体都不会退化。

设 $I = \{i \mid u_i \cap B^* \neq \varnothing\}$，则

（1）当 $i \in I, j \notin I$ 时，有

$$p_{ij}(g) = 0 \tag{6.2}$$

即当父代出现最优解时，最优解不论经过多少代都不会退化。

(2) 当 $i \notin I, j \in I$ ，因为 $f(X_{g+1}^j) \geqslant f(X_g^i)$ ，所以

$$p_{ij}(g) > 0 \tag{6.3}$$

设 $p_i(g)$ 为种群 X_g 处在状态 u_i 的概率， $p_{(g)} = \sum_{i \in I} p_i(g)$ ，则由马尔可夫链的性质，有

$$p_{(g+1)} = \sum_{u_i \in U} \sum_{j \in I} p_i(g) p_{ij}(g) = \sum_{i \in I} \sum_{j \in I} p_i(g) p_{ij}(g) + \sum_{i \notin I} \sum_{j \in I} p_i(g) p_{ij}(g) \tag{6.4}$$

由于

$$\sum_{i \in I} \sum_{j \in I} p_i(g) p_{ij}(g) + \sum_{i \notin I} \sum_{j \in I} p_i(g) p_{ij}(g) = \sum_{i \in I} p_i(g) = p_g \tag{6.5}$$

所以

$$\sum_{i \in I} \sum_{j \in I} p_i(g) p_{ij}(g) = p_g - \sum_{i \notin I} \sum_{j \in I} p_i(g) p_{ij}(g) \tag{6.6}$$

把式 (6.6) 代入式 (6.4) ，同时利用式 (6.2) 和式 (6.3) ，可得

$$0 \leqslant p_{g+1} < \sum_{i \in I} \sum_{j \notin I} p_i(g) p_{ij}(g) + p_g = p_g$$

因此

$$\lim_{g \to \infty} p_g = 0$$

又因为

$$\lim_{g \to \infty} \{f_g = f^*\} = 1 - \lim_{g \to \infty} \sum_{i \notin I} p_i(g) = 1 - \lim_{g \to \infty} p_g$$

所以

$$\lim_{g \to \infty} \{f_g = f^*\} = 1$$

即包含在全局最优状态中的概率收敛为 1。证毕。

定理 2 得证。

6.4　仿真实验与结果分析

6.4.1　仿真实验环境及参数设置

为了验证本书算法的性能，在 Windows 环境下，使用 MATLAB7.0 对算法进行

编程实现，在多载波系统中对算法性能进行了仿真分析。算法环境设置与已有算法一致[2-4]：子载波数 N =32，每个子载波信道可独立选择不同的发射功率和调制方式；动态信道通过给每个子载波分配一个 0～1 的随机数表示该载波对应的信道衰落因子来模拟；信道类型为 AWGN 信道，噪声功率初始为 0.01mW（用于计算 p_{be}）[13]；发射功率共有 64 种可能取值，设置为 0～25.2dBm，间隔为 0.4dBm；可选调制方式包括 BPSK、QPSK、16QAM 和 64QAM 四种，因而，抗体编码长度 l = 8，总抗体编码长度为 $N * l$ = 256。其他更多的调制方式只影响 BER 计算公式，并不影响模拟结果[13,14]。

为了便于比较，与文献[4]参数设置保持一致：最大进化代数 g_{max}=1000；种群规模 n =12，记忆单元规模 s = 0.3 × n。文献[4]中，量子门旋转角度从 0.1π ～ 0.005π。通过反复实验调整，本算法的其他参数设置如下：克隆控制系数 n_c = 20，混沌扰动系数 λ_0 = 2。

算法权重的设置与文献[4]相同。实验中设置四种权重模式，用来验证不同用户需求下，算法运行性能。模式 1 适用于低发射功率（低功耗）情况（带宽低、速率低，如文件传输）；模式 2 适用于可靠性要求高的应用（要求误码率较低），如保密通信；模式 3 适用于高数据速率要求的应用，如视频通信（宽带视频通信）；模式 4 则对各个目标函数的偏好相同。权重具体设置如表 6.1 所示。

表 6.1　权重设置

权重	模式 1	模式 2	模式 3	模式 4
w_1	0.80	0.15	0.05	1/3
w_2	0.15	0.80	0.15	1/3
w_3	0.05	0.05	0.80	1/3

为了避免一次实验结果的随机性，实验中，采用平均目标函数值来衡量算法结果。在四种模式下分别进行 10 次独立的实验，记录每一代中亲和度最大的目标函数值，再对 10 次实验结果取平均即得到平均目标函数值。平均目标函数值越大，说明解的质量越好且稳定。

6.4.2　仿真实验结果及分析

图 6.1 中分别给出了在模式 1 到模式 4 下，随迭代代数的变化平均目标函数值的变化情况，并将本章算法 CQCA-CE（chaos quantum clonal algorithm for cognitive engine）与基于量子遗传算法的认知引擎实现（QGA-CE）[4]作了对比分析。

从图 6.2 中可以看出，在四种不同的模式下，本章算法求得的目标函数值明显优于文献[4]算法，同时，本章算法收敛速度较快，说明算法有较好的寻优能力。本章算法在运行 400 代左右的时候就可以收敛，并且可以得到较高的目标函数值，而文献[4]算法约在 600 代左右收敛，且目标函数值较小。原因在于：算法采用的免疫克隆算子、混沌扰动提高了算法的收敛速度和寻优效果。这对实时性要求较高的决策引擎具有重要意义。

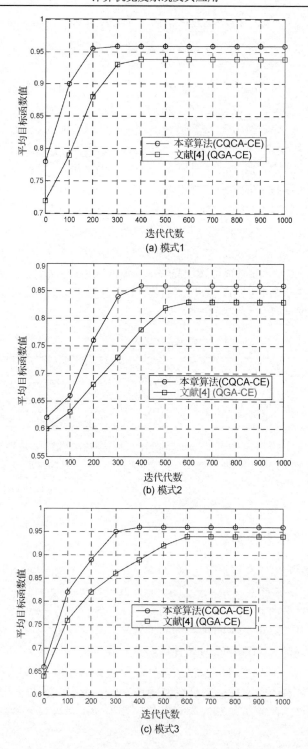

(a) 模式1

(b) 模式2

(c) 模式3

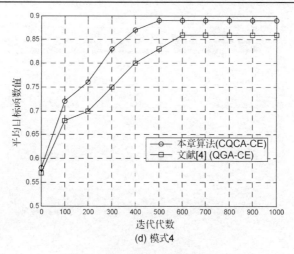

(d) 模式4

图 6.1　相关算法目标函数值对比

　　表 6.2 给出了相关算法在状态稳定后达到的平均目标函数值，进一步验证了本章算法的优越性。

表 6.2　平均目标函数值

模式	文献[4](QGA-CE)	本章算法(CQCA-CE)
模式 1	0.932	0.960
模式 2	0.820	0.846
模式 3	0.942	0.958
模式 4	0.858	0.898

　　图 6.2 给出了在上述参数设置下，本章算法具体调整结果。其中，各个载波对应的信道衰落因子由计算机随机产生。图 6.2(a) 中给出了模式 1 下的调整结果。其中发射功率平均值为 0.156dBm，明显小于其他模式，说明本算法可以很好地实现模式 1 下对最小化发射功率的偏好，同时，算法兼顾了最小化误码率和最大化数据率的要求（误码率为 0.11%，数据率为 5.25Mbps）。图 6.2(b) 给出了模式 2 下的调整结果（调制方式基本上为 BPSK）。其中，最小化误码率为 0.02%，小于模式 1、模式 3、模式 4 的误码率，说明本算法实现了模式 2 下要求误码率最小的目标要求，同时，也兼顾了发射功率较小和数据率较大的目标（发射功率为 10.23 dBm，数据率为 2.026 Mbps）。图 6.2(c) 给出了模式 3 下的调整结果。其中，平均数据率为 6Mbps（调制方式均为 64QAM），说明本算法达到了模式 3 下对最大化数据率的目标要求。图 6.2(d) 给出了模式 4 下的调整结果（调制方式均为 64QAM）。模式 4 对各个目标的权重相同，但从结果看，算法更倾向于实现发射功率最小化和数据率最大化。这是因为：误码率最小化与发射功率最小化和数据率最大化存在冲突，同时保证发射功率最小化和数据率最大化的抗体亲和度高于要求误码率最小的抗体亲和度。

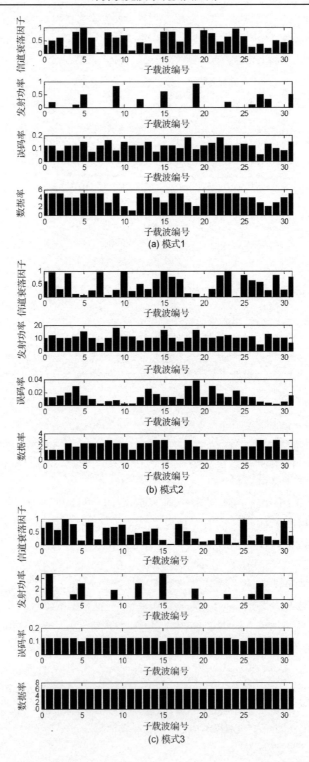

(a) 模式1

(b) 模式2

(c) 模式3

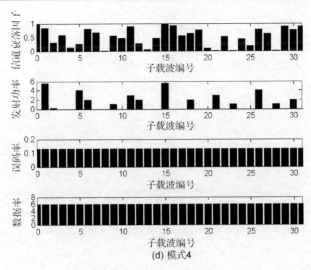

图 6.2　本章算法调整结果

6.5　本章小结

本章分析了认知无线网络认知引擎问题，将其转化为一个多目标优化问题，并通过混沌量子克隆算法求解。仿真实验表明：本算法收敛速度较快，可以得到较高的目标函数值，具有较强的寻优能力，参数调整结果与优化目标偏好一致，并兼顾其他目标函数值，适合实时性要求较高的认知引擎决策。下一步将结合智能学习技术[15-21]，进一步优化认知引擎参数优化结果。

参 考 文 献

[1] Haykin S. Cognitive radio: Brain empowered wireless communications. IEEE Journal on Selected Areas in Communications, 2008, 23(2): 201-220.

[2] Tim R N, Brett A, Barker A M. Cognitive engine implementation for wireless multi-carrier transceivers. Wireless Communications and Mobile Computing, 2008, 7(9): 1129-1142.

[3] 赵知劲, 郑仕链, 尚俊娜. 基于量子遗传算法的认知无线电决策引擎研究. 物理学报, 2007, 56(11): 6760-6766.

[4] 赵知劲, 徐世宇, 郑仕链, 等. 基于二进制粒子群算法的认知无线电决策引擎. 物理学报, 2009, 58(7): 5118-5125.

[5] Zhao Z J, Zheng S L, Xu C Y. Cognitive engine implementation using genetic algorithm and simulated annealing. WSEAS Transactions on Communications, 2007, 6(8): 773-777.

[6] Yucek T, Arslan H. A survey of spectrum sensing algorithms for cognitive radio applications. IEEE Communications Surveys & Tutorials, 2009, 11(1): 116-130.

[7] 张平, 冯志勇. 认知无线网络. 北京: 人民邮电出版社, 2010.

[8] Zu Y X, Zhou J, Zeng C C. Cognitive radio resource allocation based on coupled chaotic genetic algorithm. Chinese Physical B, 2010, 19(11): 119501-119508.

[9] Guo M G, Jiao L C, Liu F, et al. Immune algorithm with orthogonal design based initialization, cloning, and selection for global optimization. Knowledge and Information Systems, 2010, 25(3): 523-534.

[10] Mustafa Y, Nainay E. Island genetic algorithm-based cognitive networks. New River Valley: Virginia Polytechnic Institute and State University, 2009.

[11] Zhao N, Li S Y, Wu Z L. Cognitive radio engine design based on ant colony optimization. Wireless Personal Communications, 2012, 65(1): 15-24.

[12] 柴争义, 刘芳, 朱思峰. 混沌量子克隆求解认知无线网络决策引擎. 物理学报, 2012, 61(2): 524-530.

[13] 王金龙, 吴启晖, 龚玉萍, 等. 认知无线网络. 北京: 机械工业出版社, 2010.

[14] Jiang C H, Weng R M. Cognitive engine with dynamic priority resource allocation for wireless networks. Wireless Personal Communications, 2012, 63 (1): 31-43.

[15] He A. A survey of artificial intelligence for cognitive radio. IEEE Transactions on Vehicular Technology, 2010, 59(4):1578-1592.

[16] 冯文江, 刘震, 秦春玲. 案例推理在认知引擎中的应用. 模式识别与人工智能, 2011, 32(3): 201-205.

[17] 李士勇, 李盼池. 量子计算与量子优化算法. 哈尔滨: 哈尔滨工业大学出版社, 2009.

[18] Shi Y, Hou Y, Zhou H B, et al. Distributed cross-layer optimization for cognitive radio networks. IEEE Transactions on Vehicular Technology, 2010, 59(8): 4058-4069.

[19] Liu Y J, Chai L Y, Liu J M, et al. A self-learning method for cognitive engine based on CBR and simulated annealing. Advanced Materials Research, 2012, 457(2): 1586-1594.

[20] Volos H, Buehrer R, Michael I. Cognitive engine design for link adaptation: An application to multi-antenna systems. IEEE Transactions on Wireless Communications, 2010, 9(9): 2902-2913.

[21] 江虹, 伍春, 包玉军, 等. 基于粗糙集的认知无线网络跨层学习. 电子学报, 2012, 40(1): 155-161.

第7章 基于免疫多目标的频谱决策参数优化

7.1 概 述

认知无线网络是一种具有智能的无线通信网络,其智能主要来自认知引擎[1]。认知引擎的根本目的是根据信道条件的变化和用户需求,自适应调整其内部通信参数配置,优化通信系统性能,从而适应环境和用户需求的变化。如何利用认知引擎得到最优决策引起了研究者的普遍关注[2-6]。从本质上看,认知引擎参数决策是一个多目标优化问题,适合用智能方法求解。文献[2]提出了认知引擎决策的数学模型,并通过遗传算法求解;文献[3]和[4]分别通过量子遗传算法和混合优化进行求解;而文献[5]和[6]分别使用粒子群优化和蚁群优化进行实现。这些算法[2-6]均取得了较好的求解效果,但在求解时认知引擎参数决策时,均采用线性加权的方法,实际上是将多目标问题转化为单目标问题求解。由于难以确定合适的权值,并且加权法处理多目标优化问题时,每次只能得到一种权值情况下的最优解并容易漏掉一些最优解[7],因此,求解效果还有待提高。免疫优化算法具有较强的寻优能力,已经在工程领域得到广泛应用[8,9]。基于此,本书利用免疫算法寻优能力较强的特性,提出一种基于免疫多目标优化的认知引擎参数选择和决策方法,求出算法的 Pateto 最优解集,提高优化效果。通过多载波环境对算法进行了仿真。结果表明,本章算法可以根据信道条件,给出理想的参数配置,实现认知引擎决策优化。

7.2 基于认知引擎的频谱决策问题建模

认知无线网络中,认知用户(次用户)可以在不影响授权用户(主用户)的情况下,使用授权用户的空闲频谱[10-12],并根据信道环境和用户服务需求的变化自适应地调整传输参数(如传输功率、调制方式等)以提高空闲频谱的使用性能(如更大化传输速率、更小化传输功率等),从而达到最佳工作状态。

因此可见,认知引擎参数决策需要动态地满足多个目标,如必须适应具体的信道条件;必须满足用户的服务需求;必须遵守特定频段的频谱特性等,因此,其是一个多目标优化问题。本书根据多载波频谱环境、用户需求以及频谱限制定义出以下 3 个目标函数并进行归一化[2-6]。

（1）最小化传输功率。

$$f_{\text{min-power}} = 1 - \frac{p_l}{L \times P_{\max}}$$

式中，p_l 为子载波 l 的传输功率（$1 < l < L$），$P_{\max}$ 为子载波的最大传输功率，L 为子载波的数目。

（2）最小化误码率 BER（比特错误率）。

$$f_{\text{min-BER}} = 1 - \frac{\lg 0.5}{\lg p_{\text{be}}}$$

式中，p_{be} 为 L 个子信道的平均误码率。具体计算公式根据所采用的调制方式不同而不同，具体见文献[2]。

（3）最大化数据率（吞吐量）。

$$f_{\text{max-throughput}} = \frac{\frac{1}{L}\sum_{l=1}^{L}\log_2 M_l - \log_2 M_{\min}}{\log_2 M_{\max} - \log_2 M_{\min}}$$

式中，L 为子载波的数目，M_l 为第 l 个子载波对应的调制进制数，$M_{\max}$ 为最大调制进制数，$M_{\min}$ 为最小调制进制数。为了与前两个目标函数表述一致，将其转换为求最小值问题：

$$f'_{\text{max-throughput}} = \frac{1}{f_{\text{max-throughput}}}$$

因此，本书所要优化的目标模型为

$$\min y = (f_{\text{min-power}}, f_{\text{min-BER}}, f'_{\text{max-throughput}}) \tag{7.1}$$

从上面的优化目标来看，它们之间相互制约，例如，同时实现最小化传输功率和最小化 BER 对传输功率的需求上就存在冲突。即对单个目标的优化往往导致其他目标性能的恶化。可见，此问题是一个多目标优化问题。本书将问题转化为：调整各个子载波的发射功率和调制方式，寻求多目标优化的 Pateto 最优解集（非支配解集），进而根据用户服务需求，选择最满意解，并通知认知引擎决策进行参数调整，优化系统性能。

7.3 算法关键技术与具体实现

7.3.1 关键技术

（1）编码方式。

由于决策引擎主要是对参数进行调整，本书使用二进制对每个子载波的调制方式和发射功率进行编码。调制方式包括 BPSK、QPSK、16QAM 和 64QAM 四种，发射功率共有 64 种可能取值，设置为 0～25.2dBm，间隔为 0.4dBm[2-6]。假设用 c_1 表示对四种调制方式的编码，则需要 2 位二进制进行编码，取值为 0、1、2、3，依次对应 BPSK、QPSK、16QAM、64QAM；用 c_2 表示对发射功率的编码，由于有 64 种可能取值，故编码位数为 6，编码与发射功率的大小依次对应。因此，抗体长度由 c_1 和 c_2 的编码串联而成，共 8 位。例如，调制方式为 16QAM，发射功率为 24.4dBm，则对应的抗体编码为 10111100。

（2）亲和度函数。由于本书的目的是要得到满足优化目标所需的参数配置，因此，直接将式 (7.1) 所示目标函数作为衡量个体性能的亲和度函数。

7.3.2　求解本问题的多目标免疫优化算法

本算法由初始化、免疫克隆、克隆变异、克隆选择、抗体群更新等操作组成，基本步骤如下。

（1）初始化。

给定抗体种群规模 N，克隆系数 q、最大迭代次数 $g_{\max}$；抗体编码长度 c；初始化迭代次数 $it = 0$。

为了确保抗体产生的随机性并遍历所有抗体空间，本书初始抗体种群的产生使用 Logistic 映射：$x_{n+1} = \mu x_n (1 - x_n)$。其中，$n = 1, 2, \cdots, N$，$\mu = 4$（此时系统处于完全混沌状态，其状态空间为 $(0,1)$）[8,13]。随机产生第一个抗体 x_1（c 个具有微小差异的初值），然后按照 Logistic 映射依次生成规模为 N 的抗体种群，记为

$$A(it) = \{a_1(it), a_2(it), \cdots, a_N(it)\}$$

（2）对抗体群 $A(it)$ 进行免疫克隆操作。

$$A'(it) = R_C^P(A(it))$$

本算法中采用的是整体克隆的方式，克隆系数为 q，表示如下：

$$
\begin{aligned}
A'(it) = R_C^P(A(it)) &= R_C^P(a_1(it)) + \cdots + R_C^P(a_N(it)) \\
&= \{a_1^1(it), a_1^2(it), \cdots, a_1^q(it)\} + \cdots + \{a_N^1(it), a_N^2(it), \cdots, a_N^q(it)\}
\end{aligned}
$$

（3）对抗体群 $A'(it)$ 进行克隆变异。

$$
\begin{aligned}
A''(it) &= R_m^c(A'(it)) \\
&= R_m^c(\{a_1^1(it), a_1^2(it), \cdots, a_1^q(it)\}) + \cdots + R_m^c\{a_N^1(it), a_N^2(it), \cdots, a_N^q(it)\}) \\
&= \{a_1'^1(it), a_1'^2(it), \cdots, a_1'^q(it)\} + \cdots \{a_N'^1(it), a_N'^2(it), \cdots, a_N'^q(it)\}
\end{aligned}
$$

式中，$R_m^c(a_n^t(it)) = a_n'^t(it)(n = 1, 2, \cdots, N, t = 1, 2, \cdots, q)$。

本算法中的变异 R_m^c 采用超变异[14]，即对某些基因位依照概率 p_m 取反。

(4) 克隆选择 $A'''(it) = R_C^S(A''(it))$。

克隆选择操作选出非支配抗体,针对多目标优化解集的特点,本书设计的克隆选择操作具体如下。

① 对抗体群 $A''(it)$ 中的每一个抗体,计算其对应的 m 个目标函数值(本书中 $m=3$),得到 $N(it)$ 个 m 维的矢量组成的目标值矩阵 $F(A''(it))$。

② 将抗体群 $A''(it)$ 划分为两个抗体群:支配抗体群 $A_{dom}(it)$(抗体个数为 $N_{dom}(it)$)和非支配抗体群 $A_{non}(it)$(抗体个数为 $N_{non}(it)$),并且 $N_{dom}(it) + N_{non}(it) = q.N(it)$。

③ 选出非支配抗体,并从中随机选择若干个体(10%),以它们的拷贝作为初始解,进行混沌搜索,以得到更多非支配解;克隆选择后得到 $A'''(it) = A_{non}(it)$,更新计算非支配抗体相应的目标函数值矩阵 $F(A'''(it))$。

个体的混沌搜索过程如下:

$$a_i' = b \times a_i + (1-b) \times (1-a_i) \pm v \times \text{Logistic}(i)$$

式中,a_i 为抗体基因位,a_i' 为混沌更新后的抗体基因位,b 为抗体的影响因子,书中设置取值范围:$0.1 \leqslant b \leqslant 0.4$,$v$ 为混沌收缩因子,设置取值范围:$0.1 \leqslant v \leqslant 0.3$ [15,16]。这样保证了更新后的抗体变量仍位于[0,1]。

(5) 抗体群更新操作 $A''''(it) = R_C^{RS}(A''''(it))$。

对抗体群 $A'''(it)$ 更新得到新的抗体群 $A''''(it)$ 和新的目标函数值矩阵 $F(A''''(it))$。

$$
\begin{aligned}
A''''(it) &= R_C^{RS}(A'''(it)) \\
&= R_C^{RS}(\{a_1'(it), a_2'(it), \cdots, a_{N_{non}(it)}'(it)\}) \\
&= \{a_1''(it), a_2''(it), \cdots, a_{N_n}''(it)\}
\end{aligned}
$$

抗体群更新操作过程具体如下。

① 给出抗体种群规模 N_{non},期望保留的抗体种群规模 N_n;初始化 $i=1, j=1$;并且满足 $1 < i < m, 1 < j < N_{non}$;本书中,$m=3$。

② 根据第 i 个目标亲和度值将种群按升序排列:

$$[F(A'''(it))](:,i) = [f_i(A'''(it))]$$

式中,亲和度值的计算如下。

对边界解上的抗体分配一个无穷大的亲和度值,即 $k_{i1} = N_n, k_{im} = N_n$;对其他抗体,分配如下亲和度值:

$$k_{ij} = \frac{(F(A'''(it)))(j+1,i) - (F(A'''(it)))(j-1,i)}{\delta + \max(F(A'''(it))(:,i)) - \min(F(A'''(it))(:,i))}$$

式中,$\max(*)$、$\min(*)$ 分别表示在所有抗体的亲和度值中,第 i 个目标的最大值和最小值，δ 是一个很小的正数，主要是保证任何时候分母都不为 0。而 $F(A'''(it))(j+1,i)$ 表示抗体 $a'_{j+1}(it)$ 的第 i 个目标亲和度值。

③ 如果 $i=m$，转步骤④；否则 $i=i+1$，转步骤②。

④ 如果 $j=N_{\text{non}(it)}$，转步骤⑤；否则，$j=j+1$；$i=1$，转步骤②。

⑤ 计算第 j 个抗体的亲和度值：$f(k_j)=k_{1j}+k_{2j}+\cdots+k_{mj}$，即为该抗体的亲和度函数值。

⑥ 如果 $N_{\text{non}}(it)=N_n$，则停止，否则，转步骤⑦。

⑦ 删除亲和度函数值最小的抗体及其对应的目标值矩阵中的值，得到新的抗体群 $A_1'''(it)$ 及目标函数矩阵 $F_1(A_1'''(it))$；令 $N_{\text{non}}(it)=N_{\text{non}}(it)-1$，$A'''(it)=A_1'''(it)$；$F(A_1'''(it))=F_1(A_1'''(it))$，$i=1$，$j=1$，转步骤 5.2。

(6) 如果 $it>g_{\max}$，则输出抗体群 $A''''(it)$ 及其目标函数矩阵 $F(A''''(it))$；否则，令 $A(it+1)=A''''(it)$，$F(A(it+1))=F(A''''(it))$，$it=it+1$，转到步骤(2)。

7.3.3　算法特点和优势分析

(1) 由于非支配抗体的优劣无法比较，所以，克隆操作采用整体克隆的方式，即对每一个非支配抗体采用相同的克隆系数。克隆实现了空间的扩张，有利于得到分布较广的 Pateto 前端。

(2) 克隆选择操作。本算法中，克隆选择之前，先将抗体群中的抗体划分为支配抗体和非支配抗体，保证了只有非支配抗体才能进入到下一代。

(3) 混沌映射用于初始化抗体种群，增强了抗体的遍历性和多样性；在 Pateto 最优解集的附近进行混沌搜索，提高了搜索的广度，可以产生更多的非支配解，提高解集分布的均匀性。

(4) 抗体群更新操作。按照上面的策略，非支配抗体的个数可能会非常多，将使得运算速度变慢。因此，本书设计了抗体群更新操作，即当克隆选择出来的非支配抗体超过一定数目 N_n 的时候，将 Pateto 前端上比较密集的地方对应的抗体删除，保证运算速度的同时，很好保证了所得解分步的均匀性。

7.4　仿真实验与结果分析

7.4.1　实验环境及参数设置

为了验证本书算法的性能，在 Windows 环境下，使用 MATLAB-Simulink 中的 IEEE802.11a 模型对算法进行模拟实现，在多载波系统中对算法性能进行了仿真分析[2-6,17,18]。算法参数设置如下：子载波数 $L=32$，每个子载波信道可独立选择不同的发射功率和调制方式；通过给每个子载波分配一个 0～1 的随机数表示该载波对应的动态信道衰落因子；噪声功率初始为 0.01mW（用于计算 p_{be}）[6]；发射功率共有 64 种可能取值，范围设置为 0～25.2dBm，间隔为 0.4dBm（即 $P_{max}=25.2$）；可选调制方式包括 BPSK、QPSK、16QAM 和 64QAM 四种（即 $M_{max}=64$，$M_{min}=2$）。其他更多的方式只影响 BER 计算公式，并不影响模拟结果[2,6]。子载波的数目 $L=32$，编码总长度 $c=256$。

通过反复实验调整，免疫多目标优化算法的参数设置如下：最大进化代数 $g_{max}=200$；种群规模 $N=50$，克隆系数 $q=4$，变异概率 $p_m=0.3$，希望保留的非支配抗体种群的规模 $N_n=50$，$\delta=0.001$。

实验验证了在不同无线信道条件下认知引擎的工作性能。由于 IEEE802.11a 模型使用可编程的无线信道，能够在 No Fading 信道、Flat Fading 信道、AWGN 信道等之间相互切换，所以在实验过程中通过手动切换信道就可以仿真无线信道的动态变化[17,18]。用户服务类型和需求分为四种模式，模式 1 适用于低发射功率情况，如文件传输；模式 2 适用于可靠性要求高的应用（要求误码率较低），如保密通信；模式 3 适用于高数据速率要求的应用，如宽带视频通信；模式 4 则对各个目标函数的偏好相同，寻求一种平衡。由于不同服务类型对发射功率、数据率和 BER 的要求不同，所以把这些要求转换成相应的决策值，以便于算法从得到的 Pateto 最优解集中选出一个最满意解。

7.4.2　实验步骤

（1）发送端和接收端使用初始传输参数在一个无线信道上传输；感知频谱环境，包括信道条件、用户的服务需求。如果有变化，转向步骤（2）。

（2）如果信道条件和类型改变，则根据式（7.1）重新计算亲和度函数，转向步骤（3）；否则，从以前计算保存的结果中查找出当前信道条件对应的 Pateto 最优解集，并转向步骤（4）。

（3）执行本书上面设计的混沌免疫多目标优化算法，求解得到一个 Pateto 最优解集。

（4）根据用户服务需求，运用层次分析法和模糊评判集成的策略[19,20]从 Pateto 最优解集选择一个最令人满意的解，并通知认知引擎更新其传输参数[21,22]；然后转向步骤（1）。

7.4.3　实验结果

运行本算法得到 Pateto 最优解集，经过解码（编码映射）得到认知引擎的参数优化结果。根据服务模式类型，选取部分有代表性解。表 7.1 列出了在不同信道条件下用户所需的不同服务类型的最满意解。

从表 7.1 中的结果可以看出，算法能够根据信道条件和用户服务类型的变化自适应地优化传输参数。以 AWGN 信道类型为例。

（1）首先服务类型是模式 1。算法优化结果为发射功率平均值为 0.15dBm，明显小于其他模式，说明本算法可以很好地实现模式 1 下对最小化发射功率的偏好，同时，算法兼顾了最小化误码率和最大化数据率的要求（误码率为 0.12%，数据率为 5.23Mbps）。

（2）然后服务类型变为模式 2。算法优化结果为最小化误码率为 0.02%，小于其他模式的误码率，说明本算法实现了模式 2 下要求误码率最小的目标要求（调制方式基本上为 BPSK）。同时，也兼顾了发射功率较小和数据率较大的目标（发射功率为 10.2dBm，数据率为 2.02Mbps）。

表 7.1　不同信道条件下的最满意解

信道类型	服务类型	发射功率/dBm	数据率/Mbps	误码率/%
No fading	模式 1	0.11	5.23	0.13
No fading	模式 2	10.0	2.20	0.02
No fading	模式 3	2.35	5.23	0.10
No fading	模式 4	0.32	2.20	0.10
Flat fading	模式 1	0.12	5.08	0.14
Flat fading	模式 2	11.5	2.03	0.03
Flat fading	模式 3	2.27	5.52	0.11
Flat fading	模式 4	0.20	5.83	0.10
AWGN	模式 1	0.15	5.23	0.12
AWGN	模式 2	10.2	2.20	0.02
AWGN	模式 3	2.25	6.00	0.10
AWGN	模式 4	0.19	5.62	0.11

（3）接下来，服务类型变为模式 3。算法优化结果为：平均数据率为 6Mbps（调制方式均为 64QAM），说明本算法达到了模式 3 下对最大化数据率的目标要求。

（4）最后，服务类型变为模式 4。从优化结果来看，算法更倾向于实现发射功率最小化和数据率最大化。这是因为：误码率最小化与发射功率最小化和数据率最大化存在冲突，同时保证发射功率最小化和数据率最大化的抗体亲和度高于要求误码率最小的抗体亲和度。

图 7.1 显示了本书算法在 AWGN 信道下的参数优化结果，进一步验证了算法的有效性。

7.4.4　相关算法比较分析

将本书算法与求解认知引擎的最新代表性文献[6]进行比较（文献[6]比文献[2]～[5]有更好的性能）。在 AWGN 信道类型下，算法各运行 10 次，取平均值。对比实验采用与文献[6]相同的权重，对得到的 Pateto 解集进行选优，通过计算得到相同权重下的最优方案。结果如表 7.2 所示。

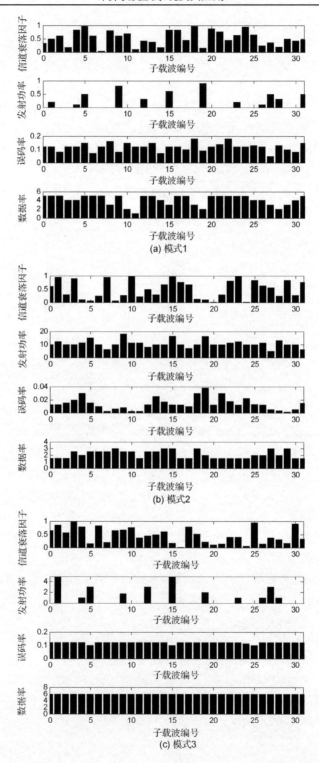

(a) 模式1

(b) 模式2

(c) 模式3

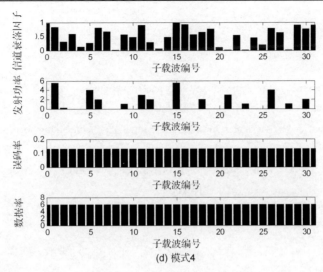

图 7.1　本书算法调整结果

表 7.2　相关算法性能比较

服务类型	发射功率/dBm		数据率/Mbps		误码率/%	
	本算法	文献[6]	本算法	文献[6]	本算法	文献[6]
模式 1	0.15	0.18	5.23	5.20	0.13	0.14
模式 2	10.0	11.0	2.20	2.12	0.02	0.03
模式 3	2.35	2.60	5.23	5.18	0.10	0.12
模式 4	0.32	0.41	2.20	2.04	0.10	0.13

从表 7.2 中可以看出，本算法得到的解更优。因为本书设计的混沌多目标免疫算法的各种策略，有力保证了可以得到分布范围较广且均匀的 Pateto 解集，避免了文献[6]中对多目标加权处理可能漏掉的最优解，有利于得到符合用户决策需求的最优解。此外，算法跟已有的算法[2-6]相比，算法的运行次数减少。这是因为：假设信道条件相同而用户所需的服务类型不同，此时求出的 Pateto 最优解集是一样的，所以无需重新运行算法，只需从中选出一个最满意解即可，进而减少了算法的运行次数。

7.5　本 章 小 结

本章提出了一种混沌免疫多目标优化算法求解认知引擎的参数优化问题，并在多载波仿真环境下进行实验验证。结果表明，本算法可以根据信道条件和用户需求的变化，自适应调整子载波的发射功率和调制方式，实现引擎参数的优化，达到最佳工作状态。

参 考 文 献

[1]　Haykin S. Cognitive radio: Brain empowered wireless communications. IEEE Journal on Selected Areas in Communications, 2008, 23 (2) : 201-220.

[2]　Tim R N, Brett A B, Alexander M. Cognitive engine implementation for wireless multi-carrier transceivers. Wireless Communications and Mobile Computing, 2008, 7 (9) : 1129-1142.

[3]　Mustafa Y, Nainay E. Island genetic algorithm-based cognitive networks. New River Valley: Virginia Polytechnic Institute and State University, 2009.

[4]　赵知劲, 郑仕链, 尚俊娜. 基于量子遗传算法的认知无线电决策引擎研究. 物理学报, 2007, 56 (11) : 6760-6766.

[5]　赵知劲, 徐世宇, 郑仕链, 等. 基于二进制粒子群算法的认知无线电决策引擎. 物理学报, 2009, 58 (7) : 5118-5125.

[6]　Zhao N, Li S Y, Wu Z L. Cognitive radio engine design based on ant colony optimization. Wireless Personal Communications, 2012, 65 (1) : 15-24.

[7]　杨咚咚, 焦李成, 公茂果, 等. 求解偏好多目标优化的克隆选择算法. 软件学报, 2010, 21 (1) : 14-33.

[8]　Yang D D, Jiao L C, Gong M G, et al. Artificial immune multi-objective SAR image segmentation with fused complementary feature. Information Sciences, 2011, 181 (13) : 2797-2812.

[9]　孟宪福, 解文利. 基于免疫算法多目标约束 P2P 任务调度策略研究. 电子学报, 2011, 39 (1) : 101-107.

[10]　张平, 冯志勇. 认知无线网络. 北京: 人民邮电出版社, 2010.

[11]　Newman T R, Evans J B. Parameter sensitivity in cognitive radio adaptation engines. 3rd IEEE Symposium on New Frontiers in Dynamic Spectrum Access Networks, Chicago, 2008: 1-5.

[12]　Rieser C J. Biologically inspired cognitive radio engine model utilizing distributed genetic algorithm for secure and robust wireless communications and networking. Blacksburg: Department of Electrical Engineering in Virginia Tech, 2006.

[13]　Mackenzie A B, Reed J H, Athanas P. Cognitive radio and networking research at virginia tech. Proceedings of the IEEE, 2009, 97 (4) : 660-688.

[14]　张超勇, 董星, 王晓娟, 等. 基于改进非支配排序遗传算法的多目标柔性作业车间调度. 机械工程学报, 2010, 46 (11) : 156-163.

[15]　Zhou X, Shen J, Shen J X. New immune multi-objective optimization algorithm and its application in boiler combustion optimization. Journal of Southeast University (English Edition), 2010, 26 (4) : 563-568.

[16]　Gong M G, Jiao L C, Zhang L N, et al. Immune secondary response and clonal selection inspired optimizers. Progress in Natural Science, 2009, 19 (2) :237-253.

[17] Shang R H, Jiao L C, Liu F, et al. A novel immune clonal algorithm for MO problems. IEEE Transactions on Evolutionary Computation, 2012, 16(1):35-50.

[18] Wu Q Y, Jiao L C, Li Y Y. A novel quantum-inspired immune clonal algorithm with the evolutionary game approach. Progress in Natural Science, 2009, 19(10):1341-1347.

[19] Du H F, Gong M G, Liu R C. Adaptive chaos clonal evolutionary programming algorithm. Science China: Information Science, 2009, 19(2): 237-253.

[20] 柴争义, 刘芳, 朱思峰. 混沌量子克隆优化求解认知无线网络决策引擎. 物理学报, 2012, 61(2): 524-530.

[21] 柴争义, 李亚伦, 朱思峰. 多目标拟态物理优化算法求解认知参数优化问题. 电子学报, 2015, 43(8): 1526-1530.

[22] 柴争义, 陈亮, 朱思峰. 混沌免疫多目标算法求解认知引擎参数优化问题. 物理学报, 2012, 61(5): 026421.

第8章 基于免疫优化的认知 OFDM 系统资源分配

8.1 概　述

认知无线网络的主要任务是发现频谱机会并进行有效利用。次用户可以在不干扰主用户工作的前提下，实现频谱资源的动态共享和自适应分配。在使用机会频谱接入时，物理传输技术非常重要。在认知无线网络环境中，频谱空洞具有不连续的特点，因此，认知用户终端同样具备在不同频段应用的特点[1]。正交频分复用 (orthogonal frequency division multiplexing, OFDM) 是一种多载波并行的无线传输技术，是认知无线电信号生成的一种有效技术。OFDM 从频域角度出发，通过关闭相应频带的子载波来避免对主用户的干扰，有利于实现非连续频谱的有效利用，非常适合认知无线网络中的资源传输[2]。如何对认知多用户 OFDM 系统中的下行资源进行自适应分配，以提高频谱利用率，引起了国内外研究者的普遍关注。根据不同的优化准则[3]，认知 OFDM 资源分配可以分为两类:一种为速率自适应 (rate adaptive, RA)，即在一定的误码率及性能限制下，调整功率分配，最大化系统传输速率，适应于可变数据业务;另一种为余量自适应 (margin adaptive, MA)，即在一定的传输速率和误码率限制下，调整各个子载波的分配方式，最小化系统发射功率，适用于固定数据业务。针对不同的优化准则，已有不同的学者提出了不同的解决方法，如 RA 下的解决方案[4-6]、MA 下的解决方案[7-10]。

本章研究多用户 OFDM 系统的下行链路资源分配。首先研究了 MA 准则下子载波的优化分配方案，然后研究了 RA 准则下的功率分配方案。最后设计了一种联合子载波和功率分配的比例公平资源分配算法。

8.2 基于免疫优化的子载波资源分配

8.2.1 认知 OFDM 子载波资源分配描述

认知 OFDM 网络中，当感知模块检测到可用的空闲频谱后，将同时获取所有认知用户在可用频谱上的信道衰落特性及整个功率覆盖范围内的授权用户信息，然后实时动态地在多个认知用户中完成功率和子载波的分配。使用 OFDM 技术可以把信道划分为许多子载波。在频率选择性衰落信道中，不同的子信道受到不同的衰落而具有不同的传输能力，因此，在多用户系统中，某个用户不适用的子信道对于其他用户可能是条件很好的子信道[3,5]。因此，可根据信道衰落信息充分利用信道条件较好的子载波，以合理利用资源，获得更高的频谱效率。为了不干扰授权用户的正常工作，认知用户的功率分配不能超过功率上限[7,8]。

　　认知无线网络中的子载波分配是一个非线性优化问题，求得最优解是 NP-hard 问题[3,5]。传统的数学优化方法或者贪婪算法计算复杂度和求解难度都较高。许多学者提出了不同的次优子载波分配算法，获得了与最优算法相近的性能，但复杂度大大降低[5,7,10]。已经证明，生物启发的智能算法非常适合求解认知无线网络中的非线性优化问题[11,12]。文献[10]提出了 MA 准则下基于遗传算法的子载波分配算法，取得了较好的求解效果，但并未克服遗传算法易陷入局部最优的缺点，并且没有考虑认知用户对主用户的干扰，求解效果和实用性还有待进一步优化。基于此，本书利用免疫算法高效的寻优能力，提出一种在主用户下可接受的干扰下，基于免疫优化的子载波优化分配方法。仿真实验表明，本算法可以获得更小的总发射功率，并且收敛速度更快。

8.2.2　认知 OFDM 子载波资源分配模型

　　本书研究在系统的频谱利用达到最优的前提下，认知 OFDM 系统中下行链路的子载波分配算法。一个基站服务一个主用户和 M 个认知用户，授权用户和认知用户使用相邻的频段，认知用户使用 OFDM 传输技术，共有 N 个子载波。问题即是在满足用户速率要求和误码率要求下，如何给用户分配子载波，以达到最小化系统总发射功率的优化目标。具体建模如下。

　　假设信道估计完成后，多用户 OFDM 系统有 M 个次用户，N 个空闲的子载波。设定每个 OFDM 符号期间用户 m $(m=1,2,\cdots,M)$ 要发射的比特数为 R_m，第 m 个用户分配到第 n $(n=1,2,\cdots,N)$ 个子载波获得的比特数为 $b_{m,n}$ （$b_{m,n}\in[0,L]$），L 为每个子载波允许传输的最大比特数；$\lambda_{m,n}$ 表示第 m 个用户是否占用第 n 个子载波，$b_{m,n}$ 决定了每个载波每次传输的自适应调制方式，则有

$$R_m = \sum_{n=1}^{N} \lambda_{m,n} b_{m,n}, \quad 且 \sum_{m=1}^{M} \lambda_{m,n} = 1$$

　　第 n 个子载波对应第 m 个用户的瞬时信道增益为 $g_{m,n}^2$，$P_m(b_{m,n})$ 表示第 m 个用户在满足误码率 p_e 的情况下在第 n 个子载波上传输(可靠接收)$b_{m,n}$ 个比特所需的最小功率，则有[4-6]

$$P_m(b_{m,n}) = (D_0 / 3)[Q^{-1}(p_e / 4)]^2 (2^{b_{m,n}} - 1)$$

式中，D_0 表示对所有用户和子载波都相同的噪声频谱密度功率(常数)；Q 表示调制方式为自适应 QAM；p_e 表示最大误码率(BER)，则所有用户所需的总的发射功率为

$$P_t = \sum_{n=1}^{N} \sum_{m=1}^{M} \frac{P_m(b_{m,n})}{g_{m,n}^2}$$

　　由于本书的优化目标为最小化总发射功率，因此，本书的求解目标转换为

$$\min P_t = \min \sum_{n=1}^{N} \sum_{m=1}^{M} \frac{P_m(b_{m,n})}{g_{m,n}^2} \tag{8.1}$$

$$\text{s.t.} \quad R_m = \sum_{n=1}^{N} \lambda_{m,n} b_{m,n} \tag{8.2}$$

$$\sum_{m=1}^{M} \lambda_{m,n} = 1 ; \quad \lambda_{m,n} = \begin{cases} 0, & b_{m,n} = 0 \\ 1, & b_{m,n} \neq 0 \end{cases} \tag{8.3}$$

$$p_e \leqslant p_t \tag{8.4}$$

式中，约束条件(8.2)表示：必须满足 m 个用户所需的总速率 R_m 要求；约束条件(8.3)表示一个子载波只能被一个用户占用；约束条件(8.4)表示必须满足特定的误码率 p_t。同时，考虑次用户对主用户的干扰，因此，必须满足约束条件：

$$\sum_{n=1}^{N} \frac{P_m(b_{m,n})}{g_{m,n}^2} \leqslant P_s \tag{8.5}$$

式中，P_s 为用户的传输功率限制。

　　由此可见，此问题是一个约束优化问题。因此，在基本信道参数给定的情况下，本书问题即转换为：在满足上述约束条件的前提下，求解用户对应的子载波分配方案 $b_{m,n}$（$b_{m,n}$ 决定了 $\lambda_{m,n}$），使得总发射功率最小。

8.2.3　算法实现的关键技术

　　本书设计了一种基于免疫克隆优化的子载波分配方案。本算法中，使用矩阵进行抗体编码，一个抗体即为一种可能的子载波分配方案 $b_{m,n}$（候选解），然后通过比例克隆、亲和度评价、重组、变异、克隆选择对候选解进行进化，当算法满足结束条件时(本书为达到最大进化代数)，亲和度最高的抗体，即为最终的子载波分配方案。约束条件在算法求解过程中，通过对解的修正进行处理。

　　(1)编码方式。

　　编码将抗体表示与求解结果进行映射，是免疫算法求解问题的关键步骤。由于本书目的是求得分配方案 $b_{m,n}$，为了表示直观，采用 $M \times N$ 的矩阵编码表示，式中矩阵的行表示用户 m $(m = 1, 2, \cdots, M)$，列表示子载波 n $(n = 1, 2, \cdots, N)$，即

$$\boldsymbol{B} = \begin{bmatrix} b_{1,1} & b_{1,2} & \cdots & b_{1,N-1} & b_{1,N} \\ b_{2,1} & b_{2,2} & \cdots & b_{2,N-1} & b_{2,N} \\ \vdots & \vdots & & \vdots & \vdots \\ b_{M,1} & b_{M,2} & \cdots & b_{M,N-1} & b_{M,N} \end{bmatrix}$$

式中，$b_{m,n} \in [0, L]$。根据约束条件(8.3)可知，一个子载波只能被一个用户占用，表现在编码矩阵中，则为矩阵的每列只能有一个非零元素。经过编码后，一个抗体代表一种子载波分配方案。

(2)抗体种群初始化。

免疫克隆算法必须有一个初始种群以便进化。为了确保抗体产生的随机性并遍历所有抗体空间，本书初始抗体种群的产生使用 Logistic 映射：$x_{n+1} = \mu x_n (1 - x_n)$。式中，$n = 1, 2, \cdots, N$，$\mu = 4$(此时系统处于完全混沌状态，其状态空间为$(0,1)$ [10])。随机产生第一个抗体，然后按照 Logistic 映射依次生成规模为 N 的抗体种群。

此外，本书在抗体种群的初始化过程中，考虑了约束条件和先验知识，对种群进行预处理。由于优化目标是要在满足用户速率的前提下进行(约束条件(8.2))，因此，每个用户 m 的最小子载波数应该满足：$b_m = \lfloor R_m / L \rfloor$($\lfloor\ \rfloor$ 表示向下取整)，则系统所需的最少总子载波数 $N' = \sum_{m=1}^{M} b_m$，并有 $N' < N$。具体初始化过程如下：对每个用户 m 随机分配 b_m 个载波，剩下的子载波 $N - N'$ 在用户间随机分配，并保证每列只有一个元素为非零。同时，进行干扰约束条件(8.5)的处理，满足约束条件的抗体成为候选抗体。至此，在误码率要求给定的情况下，问题转换为无约束优化问题。按照种群规模，重复进行以上过程，得到初始的抗体种群(初始候选子载波分配方案)。

(3)亲和度函数。

亲和度函数用来度量候选解(抗体)的好坏。由于本书的优化目标为最小化总发射功率，因此，直接将式(8.1)作为亲和度函数。亲和度函数值越小，说明抗体越优秀。

8.2.4　基于免疫优化的算法实现过程

算法具体实现过程如下。

(1)初始化。

设进化代数 t 为 0，按照上面的方法初始化种群 A，规模为 k。则初始化种群记为

$$A(t) = \{A_1(t), A_2(t), \cdots, A_k(t)\}$$

式中，每一个 $A_i(t)(1 < i < k)$ 对应于一种可能的子载波分配方案 $\boldsymbol{B}$。同时设置记忆种群 $M(t)$，规模为 s $(s = k * d\%)$，初始为从 $A(t)$ 中随机选取，则 $M(t) = \{M_1(t), M_2(t), \cdots, M_s(t)\}$。

(2)亲和度评价。

对抗体种群 $A(t)$ 进行亲和度评价(根据式(8.1))，计算每个抗体的亲和度 $f(A_i(t))$。式(8.1)值越小，表示亲和度越高。将抗体按照亲和度值升序排列，选择前 s 个抗体更新记忆种群 $M(t)$。

(3)终止条件判断。

如果达到最大进化次数 t_{max}，算法终止，将记忆种群 $M(t)$ 中保存的亲和度值最小的抗体进行映射（见编码方式），即得到了最佳的子载波分配方案；否则，转步骤(4)。

(4)克隆扩增 T_c。

对这 s 个抗体进行克隆操作 T_c，形成种群 $B(t)$。克隆操作 T_c 定义为

$$B(t) = T_c(M(t)) = [T_c(M_1(t)), T_c(M_2(t)), \cdots, T_c(M_s(t))]$$

具体克隆方法为：假设选出的 s 个抗体按亲和度值升序排序为：$M_1(t), M_2(t), \cdots, M_s(t)$，则对第 i 个抗体 $M_i(t)$ $(1 \leqslant i \leqslant s)$ 的 q_i 克隆产生的抗体数目为

$$q_i(t) = \text{Int}\left(n_t \times \frac{f(M_i(t))}{\sum\limits_{j=1}^{s} f(M_j(t))} \right)$$

本书采用按照亲和度的大小进行克隆，保证了优秀抗体有更多的机会进化到下一代。第 t 代克隆产生的抗体种群总个数为

$$Q = N(t) = \sum_{i=1}^{s} q_i(t)$$

式中，$\text{Int}(*)$ 表示向上取整，$n_t(n_t > s)$ 表示克隆控制参数，$f(*)$ 代表亲和度函数的计算。

(5)克隆重组 T_r。

免疫重组操作有利于保持抗体多样性，寻找最优解，并提高收敛速度[7]。本书引入重组算子，依照概率 p_c 对不同抗体的两列进行交叉重组，生成新的抗体 $C(t)$。

(6)克隆变异 T_m。

依据概率 p_m 对克隆后的种群 $C(t)$ 进行变异操作 T_m，得到抗体种群 $D(t)$。定义为

$$D(t) = T_m^c(C(t))$$

由于本算法采用矩阵编码，本书设计的变异方式为：对某个抗体依变异概率 p_m 选择某列上的两个元素，交换其在矩阵的位置。这样做的优势在于：变异后抗体仍是可行解，简化了求解过程。

对于变异概率，本书设计了一种自适应调整方法：

$$p_m = p_m \times \left(1 - \frac{t}{t_{max}} \right)$$

式中，t 表示当前进化代数，t_{max} 为最大进化代数。

变异后的种群为

$$D(t) = \{D_1(t), D_2(t), \cdots, D_Q(t)\}$$

(7) 克隆选择 T_s 。

$$A(t+1) = T_s \, (\boldsymbol{D}(t) \bigcup A(t))$$

具体方法为：计算 $D(t)$ 中的抗体亲和度，并和 $A(t)$ 一起，选择 k 个亲和度高的抗体组成下一代种群 $A(t+1)$ ；并选择前 s 个亲和度高的抗体更新记忆种群 $\boldsymbol{M}(t+1)$ ；$t = t+1$ ；转步骤 (3)。

8.2.5　算法特点和优势分析

(1) 设计了适合问题表示的矩阵编码方式，表示直观，易于操作。

(2) 种群的初始化过程利用了相关先验知识，对约束条件进行了处理，简化了问题的求解。

(3) 记忆种群的使用，有利于算法快速收敛；按亲和度的大小进行克隆，保证了优秀抗体有更多的机会进化到下一代；根据编码和问题设计的变异方式，保证了变异后的抗体仍是可行解，简化了求解过程；设计的自适应变异概率，在进化后期减小变异概率，进一步提高了收敛速度。

8.2.6　仿真实验结果

(1) 实验环境和参数设置。

假设系统为一个基站服务一个主用户和 M 个认知用户，考虑下行链路的资源分配，系统为频率选择性衰落信道，参数设置如下：式中，信道中单边功率谱密度 $D_0=1$，系统信道增益 $g_{m,n}$ 均设置为 1，物理层采用自适应 64QAM 调制方式，子载波为 $N = 32$ ，最大传输比特数 R_m 为 1024 位，每个用户在一个 OFDM 符号中要传输的比特数 L 至少为 20 位。为了充分验证算法性能，误码比特率 (BER) $p_e \leqslant p_t = 10^{-5} \sim 10^{-1}$ ，干扰功率 $P_s = 0.5 \sim 1.5W$ ，次用户数为 $M = 2 \sim 12$ ，实验环境为 Windows XP 系统，采用 MATLAB 编程实现。

通过反复实验，免疫克隆算法的参数设置为：最大进化代数 $t_{max}=200$ ；种群规模 $k = 30$ ，抗体编码长度等于子载波的个数 ($N = 32$)，记忆单元规模 $s = 0.3 \times k$ ；克隆控制参数 $n_t = 20$ ，重组概率 $p_c = 0.01$ ，变异概率 $p_m = 0.2$ 。

(2) 实验结果及分析讨论。

为了验证算法性能，在相同的参数设置下，将算法运行 100 次，取平均值，并与 MA 准则下，采用遗传优化的代表性文献[10]进行对比。

由于本算法考虑了次用户对主用户的干扰，即传输功率限制，因此，首先验证了在不同的干扰功率 P_s 下，算法的运行性能。式中，误码率 $p_e = 10^{-3}$ ，用户数 $M = 6$ 。结果如图 8.1 所示，可以看出，随着主用户可接受干扰功率的增大，系统总的发射功率也在增大。这是因为，主用户可接受干扰功率越大，允许的次用户传输功率会有所增加，因此，系统总的发射功率增大，理论分析与实验结果是一致的。

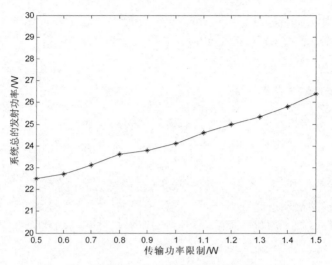

图 8.1　不同传输功率限制下系统的总发射功率

图 8.2 为随着进化代数变化，两种算法得到的总发射功率对比示意图。式中，用户数 $M=6$，误码率 $p_e = 10^{-3}$，干扰功率 $P_s = 1.0\text{W}$。从图 8.2 中可以看出，在迭代次数相同的情况下，本书算法所需的总传输功率明显小于文献[10]，说明本书算法可以得到更优的子载波分配方案。同时，可以看出，本书算法在约 140 代开始收敛，而文献[10]在约 180 代开始收敛，说明本书算法收敛较快，节约了运行时间，这主要是本书算法设计的各种算子有效加快了收敛速度。因此，本书算法具有一定的优越性。

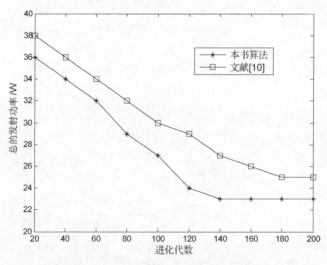

图 8.2　进化代数与发射功率的关系

图 8.3 验证了不同的用户数下，系统的总发射功率变化情况（误码率 $p_e = 10^{-3}$，干扰功率 $P_s = 1.0\text{W}$）。

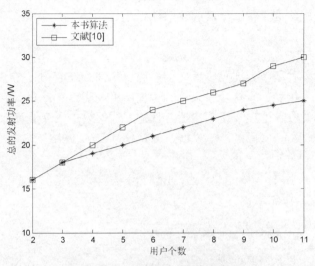

图 8.3　用户数与总发射功率的关系

从图 8.3 中可以看出，随着用户数的增长，两种算法的总发射功率都在增加，这与理论是相符的。当用户数较少时，两种算法性能相当。随着用户的增长，本书算法性能明显优于文献[10]，其主要原因在于：本书算法根据问题设计了各种有效的免疫算子，增强了算法的寻优能力，在用户数增多时，表现出了较强的优越性。

图 8.4 为系统用户数 $M=6$ 时，在不同的误码率 p_t 下（干扰功率 $P_s = 1.0\text{W}$），相关算法的误码率对信噪比曲线。

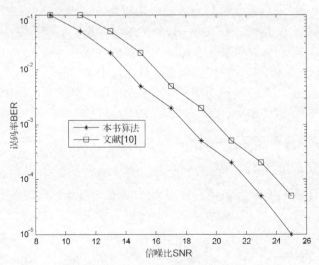

图 8.4　信噪比与误码率的关系

从图 8.4 中可以看出，在误码率相同的情况下，本书算法比文献[10]所需的传输功率少 2dB 左右，并且随着对误码率要求的逐渐降低，两种算法所需传输功率的差值也逐渐增大，进一步验证了本书算法的有效性。

8.2.7　小结

本节提出了一种基于混沌免疫优化的多用户认知 OFDM 子载波资源分配方案。算法考虑了主用户可接受的干扰功率限制。实验结果表明，本算法减小了整个系统所需的发射功率，同时收敛速度较快，更适合认知无线网络中子载波资源分配的优化。下一步的研究工作是结合实际的认知系统，如认知 Ad hoc 网络等，进一步完善算法。

8.3　基于免疫优化的功率资源分配

8.3.1　功率资源分配问题描述

前面 8.2 节讨论了 MA 准则下子载波资源的分配。这里讨论 RA 准则下的功率分配问题。认知无线网络架构下实现频谱共享的前提是不能影响主用户的正常通信，在分布式的架构下每个次用户都想使用频谱资源，发射的功率就会对主用户产生干扰。对次用户进行功率控制的目的是在不干扰主用户正常通信的基础上，提供更大的系统容量，提高频谱资源的利用率。OFDM 系统可以根据用户业务和环境的需要自适应地分配子载波，并对其功率与调制方式等射频参数进行灵活的配置。

不同的研究者对此问题展开了研究。已有算法[4-6]大都采用传统的数学优化方法或者贪婪搜索算法来进行求解，计算复杂度和求解难度都较高。认知无线网络的资源分配问题实际上是一个非线性优化问题，适合用智能方法求解。文献[13]提出了一种基于遗传算法的资源分配算法，并取得了较好的求解效果，但遗传算法固有的易陷入局部最优解的缺点，使得求解效果还有待进一步优化。本书将认知网络中下行链路的功率资源分配问题建模为一个约束优化问题，进而提出了一种基于免疫克隆优化的求解方法。仿真实验表明，在总发射功率、误码率及主用户可接受的干扰约束下，本算法可以获得更大的总数据传输率。

8.3.2　功率资源分配问题的模型

假设认知无线网络中，一个基站的服务范围包括 1 个主用户和 M 个次用户，主用户和次用户使用相邻的频段；次用户使用 OFDM 传输技术。假设在一个 OFDM 符号周期内信道是慢衰落的，并且基站完全知道信道的状态信息，现共得到 N 个子载波，各子载波的带宽为 W_c，设定每个 OFDM 符号期间用户 m $(m=1,2,\cdots,M)$ 要发射的速率为 R_m，$b_{m,n}$ 表示用户 m 在第 n 个子载波上的传输速率；$p_{m,n}$ 表示用户 m 在子载波 n 上的功率；$g_{m,n}$ 为用户 m 在子载波 n 上的信道增益；N_0 表示对所有用户和子载波都相同的噪声频谱密度功率 (常数)，δ 表示传输的误码率，在物理层采用 MQAM 调制时，$\delta = -\ln(5p_e)/1.5$ [15]，$S_{m,n}$ 表示主用户对次用户的干扰；F_n 表示在子载波 n 上，次用户对主用户的干扰因子，满足 $\sum\limits_{m=1}^{M}\sum\limits_{n=1}^{N}\lambda_{m,n}p_{m,n}F_n \leqslant I_{th}$（$I_{th}$ 为主用户可接受的最高干扰上限）。一个 OFDM 符号周期内，在子载波 n 上传输的最大速率为[14,15]

$$b_{m,n} = \log_2\left\lfloor 1 + \frac{p_{m,n}g_{m,n}^2}{\delta(N_0W_c + S_{m,n})} \right\rfloor$$

认知无线网络中，功率资源分配问题的优化目标为：在授权用户干扰门限、总发射功率及误码率的限制下，最大化系统 (次用户) 总的传输速率，以提高频谱利用率。因此，问题可以建模为

$$\max \sum_{n=1}^{N}\sum_{m=1}^{M}b_{m,n}\lambda_{m,n} = \sum_{n=1}^{N}\sum_{m=1}^{M}\lambda_{m,n}\log_2\left\lfloor 1 + \frac{p_{m,n}g_{m,n}^2}{\delta(N_0W_c + S_{m,n})} \right\rfloor \tag{8.6}$$

$$\text{s.t.} \quad \sum_{m=1}^{M}\lambda_{m,n} = 1 \; ; \quad \lambda_{m,n} = \begin{cases} 0, & b_{m,n} = 0 \\ 1, & b_{m,n} \neq 0 \end{cases} \tag{8.7}$$

$$\sum_{n=1}^{N}\sum_{m=1}^{M}p_{m,n} \leqslant p_{total} \tag{8.8}$$

$$\sum_{m=1}^{M}\sum_{n=1}^{N}\lambda_{m,n}p_{m,n}F_n \leqslant I_{th} \tag{8.9}$$

$$p_e \leqslant p_u \tag{8.10}$$

式中，约束条件 (8.7) 表示一个子载波只能被一个用户占用，$\lambda_{m,n}$ 是子载波分配状态变量，当第 n 个子载波被用户 m 占用时，$\lambda_{m,n} = 1$，反之为 0；约束条件 (8.8) 表示所有次用户发送的功率 $p_{m,n}$ 之和不能超过系统总功率上限 p_{total}；约束条件 (8.9) 表示所有次用户对主用户的干扰，不能超过其可容忍的干扰上限 I_{th}；约束条件 (8.10) 表示误码率必须小于最大误码率要求 p_u。

由此可见，此问题是一个约束优化问题。因此，本书问题即转换为：在满足约束条件的前提下，求解用户对应的功率分配方案 $p_{m,n}$，使得所有次用户的总传输速率最大。

8.3.3　算法实现的关键技术

(1) 编码方式。

由于不同的子载波的信道衰落不同，从而需要的发送功率也不同。本书目的是求得功率分配方案 $\boldsymbol{p}$，因此，用一个矩阵 $M \times N$ 的矩阵编码表示，式中矩阵的行表示用

户 $m(m=1,2,\cdots,M)$ ，列表示载波 $n(n=1,2,\cdots,N)$ ，矩阵的每个元素 $p_{m,n}$ 表示用户 m 在第 n 个载波上获得的功率，即

$$p = \begin{bmatrix} p_{1,1} & p_{1,2} & \cdots & p_{1,N-1} & p_{1,N} \\ p_{2,1} & p_{2,2} & \cdots & p_{2,N-1} & p_{2,N} \\ \vdots & \vdots & & \vdots & \vdots \\ p_{M,1} & p_{M,2} & \cdots & p_{M,N-1} & p_{M,N} \end{bmatrix}$$

式中， $p_{m,n} \in [0, p_{\text{total}}]$ 。根据约束条件(8.7)可知，一个子载波只能被一个用户占用，表现在编码矩阵中，则为矩阵的每列只能有一个非零元素。因此，如果把矩阵的每一位都进行编码，则抗体的长度过长并且存在很多冗余。本书采用对抗体编码种群中不为 0 的位采用实数进行编码，则抗体长度为 N（ N 个子载波），每一个抗体基因位为用户 m 分配的功率数。经过编码后，一个抗体代表一种功率分配方案。

(2)抗体种群初始化。

按照编码方式，随机产生抗体组成初始抗体种群。对产出的每个抗体，进行满足最大功率 p_{total} (约束(8.8))和对主用户最大干扰 I_{th} (约束(8.9))的处理，即计算 $\sum\limits_{n=1}^{N}\sum\limits_{m=1}^{M} p_{m,n}$ ，满足约束条件的抗体作为候选抗体。

(3)亲和度函数。

由于本书的优化目标为最大化总传输容量，因此，直接将上面定义的优化目标式(8.6)作为评价抗体好坏的亲和度函数。

算法基本流程图如图 8.5 所示。

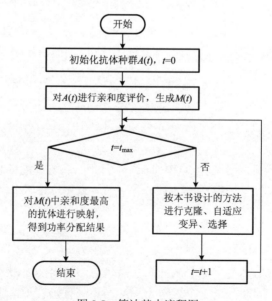

图 8.5　算法基本流程图

8.3.4　基于免疫克隆优化的算法实现过程

算法具体实现过程如下。

（1）初始化。

设进化代数 t 为 0，初始化种群 A，规模为 k；则初始化种群记为

$$A(t) = \{A_1(t), A_2(t), \cdots, A_k(t)\}$$

（2）亲和度评价。

对抗体种群 $A(t)$ 进行亲和度评价，计算每个抗体的亲和度 $f(A(t))$；根据亲和度大小，将抗体群分为记忆单元 $M(t)$ 和一般抗体种群单元 $N(t)$，即

$$A(t) = [M(t), N(t)]$$

式中，$M(t) = \{A_1(t), A_2(t), \cdots, A_s(t)\}$，并且 $s = 0.2k$。

（3）终止条件判断。

如果达到最大进化次数 $t_{\max}$，算法终止，将记忆种群 $M(t)$ 中保存的亲和度最高的抗体进行映射，即得到了最佳的功率分配方案；否则，转步骤（4）。

（4）对 $A(t)$ 克隆扩增 T_c。

对这 $A(t)$ 中的抗体进行克隆操作 T_c，形成种群 $B(t)$。克隆操作 T_c 定义为

$$B(t) = T_c(A(t)) = [T_c(A_1(t)), T_c(A_2(t)), \cdots, T_c(A_k(t))]$$

具体克隆方法为：按照亲和度大小进行比例克隆，则对第 i 个抗体 $A_i(t)$ $(1 \leqslant i \leqslant k)$ 的 q_i 克隆产生的抗体数目为

$$q_i(t) = \left\lceil n_t \times \frac{f(A_i(t))}{\sum\limits_{j=1}^{n} f(A_j(t))} \right\rceil$$

第 t 代克隆产生的抗体种群总个数为

$$Q = N(t) = \sum_{i=1}^{n} q_i(t)$$

式中，$\lceil * \rceil$ 表示向上取整，$n_t (n_t > s)$ 表示克隆控制参数，$f(*)$ 代表亲和度函数的计算。

（5）对 $A(t)$ 进行克隆变异 T_m。

依据概率 p_m 对克隆后的种群 $B(t)$ 进行变异操作 T_m，得到抗体种群 $C(t)$。定义为 $C(t) = T_m^c(B(t))$。本书变异设计了一种非均匀变异，重点搜索原个体附近的微小区域。具体过程如下。

假设 $B(t)$ 中的一个个体 $B_i(t)$ $(1 < i < Q)$，记为

$$B_i(t) = (b_i^1, b_i^2, \cdots, \ b_i^j, \cdots, b_i^{N-1}, b_i^N)$$

假设选中 b_i^j 进行变异，显然其取值范围为 $[0, p_{\text{total}}]$。变异后的个体记为

$$C_i(t) = (b_i^1, b_i^2, \cdots, b_i^{j'}, \cdots, b_i^{N-1}, b_i^N)$$

则

$$b_i^{j'} = \begin{cases} b_i^j + \Delta(t, p_{\text{total}} - b_i^j), & \text{rand}(2) = 0 \\ b_i^j - \Delta(t, b_i^j), & \text{rand}(2) = 1 \end{cases}$$

式中，$\text{rand}(2) = 0$ 表示将随机均匀产生的正整数模 2 所得的结果；t 是进化代数，$\Delta(t, y)$ 的值域为 $[0, y]$，并且当 t 增大时，其取值接近 0 的概率越大，这样变异的优势在于：算法在进化初期，进行大范围搜索，而在后期主要进行局部搜索，有利于算法快速收敛。式中，$\Delta(t, y)$ 的具体取值可表示为[16]

$$\Delta(t, y) = y(1 - r^{((1-t)/t_{\max})^\theta})$$

式中，r 为 $[0,1]$ 上的一个随机数，$t_{\max}$ 为最大进化代数，θ 为一个系统参数，它决定了随机数扰动对进化代数 t 的依赖程度，起着调整局部搜索的作用，一般取值为 2～5，本书取值为 3。

变异后的种群为

$$C(k) = \{C_1(t), C_2(t), \cdots, C_Q(t)\}$$

(6)克隆选择 T_s。

定义为 $A(t+1) = T_s(C(t) \bigcup A(t))$。

具体方法为：对 $C(t)$ 中的每个抗体，进行满足最大功率 p_{total}（约束(8.8)）和对主用户最大干扰 I_{th}（约束(8.9)）处理，并计算其抗体亲和度。对于不满足上述约束条件的抗体，将其亲和度设置为所有抗体中亲和度的最小值。然后，对 $C(t)$ 和 $A(t)$ 一起，选择 k 个亲和度高的抗体组成下一代种群 $A(t+1)$；并选择前 s 个亲和度高的抗体更新记忆种群 $M(t+1)$；$t = t+1$；转步骤(3)。

8.3.5　算法特点分析

(1)设计了适合问题表示的抗体编码方式，直观并节约了存储空间。

(2)抗体按照亲和度比例进行克隆，保证了较优抗体进入下一代的概率更大。记忆种群的使用，有利于算法快速收敛。

(3)非均匀变异算子的使用，使得变异操作与进化代数相结合，减少了变异的盲目性，进一步加快了收敛速度。

8.3.6　实验结果与分析

假设系统为多径频率选择性衰落信道，各子载波的信道增益服从平均信道增益为 1 的瑞利衰落，次用户发信机到主用户接收机的信道增益 $g_{m,n}$ 为 1；次用户的误码率

p_e（这里设置等于最大误码率 p_u）设置为 $10^{-5} \sim 10^{-1}$，进而可以得到 δ 为 5 dB；加性高斯白噪声的功率谱密度 $N_0 = 10^{-7} \text{W/Hz}$，主用户对次用户的干扰 $S_{m,n} = 10^{-6} \text{W}$，各子载波的带宽为 $W_c = 0.315$；系统总发射功率 $P_{\text{total}} = 1 \sim 30\text{W}$，$I_{\text{th}}^n (I_{\text{th}} / F_n) = 10^{-3} \sim 10^{-2} \text{W}$，次用户数 $M = 8$，子载波为 $N = 64$。实验环境为 Windows XP 系统，采用 MATLAB 编程实现。通过反复实验，免疫克隆算法的参数设置为：最大进化代数 $t_{\max} = 200$；种群规模 $k = 30$，$s = 0.2k$，抗体编码长度等于子载波的个数（$N = 64$），克隆控制参数 $n_t = 12$。为了验证算法性能，在相同的参数设置下，将算法运行 10 次，取平均值，并与文献[14]进行对比。

图 8.6 为在发射总功率（$P_{\text{total}} = 1\text{W}$）和误码率（$p_e = 10^{-3}$）受限的情况下（即满足模型约束条件），两种算法得到的次用户的总传输速率。从图 8.6 中可以看出，在迭代次数相同的情况下，本书算法求得的系统总传输功率明显优于文献[14]，并且收敛速度较快，节约了运行时间，说明针对本问题设计的各种算子是有效的，增强了算法的寻优能力。

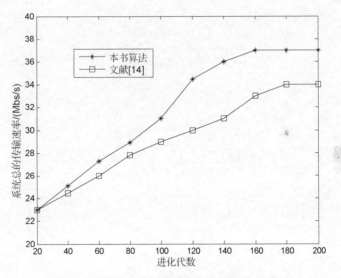

图 8.6　进化代数与系统总传输速率的关系

图 8.7 为在次用户数为 8，进化代数达到最大代数，在不同的误码率下，系统总的传输速率示意图，相关文献对比结果如图 8.7 所示。从图 8.7 中可以看到，随着系统所要求的误码率的降低，约束条件在降低，因此，系统总的传输速率在增大，同时也说明系统可以有效适应不同误码率限制情况下的功率分配，本算法的求解结果优于文献[14]。

图 8.8 为在不同的主用户可容忍的干扰门限下，次用户总的传输功率变化情况。从图 8.8 中可以看出，随着可容忍干扰门限的增加，说明允许次用户可使用的发射功

率在增大，因此，系统总的传输功率在增大。随着主用户可容忍的干扰门限的增大，本算法表现出了较好的运行性能。

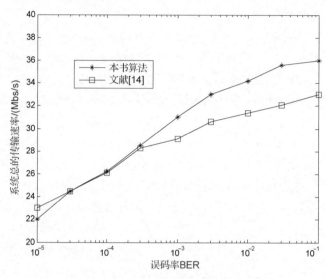

图 8.7 误码率与系统总传输速率的关系

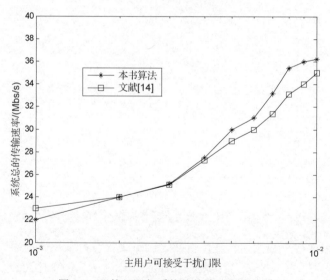

图 8.8 干扰门限与系统总传输速率的关系

图 8.9 给出了系统总的传输速率随着最大功率约束的变化曲线。从图 8.9 中可以看出，当次知用户发射功率较小时，大部分主用户在没有达到次用户的干扰功率门限时，就已经先达到了自身的最大发射功率。随着认知用户发射功率约束的增大，系统总的传输速率在增大，本算法较优于文献[14]。

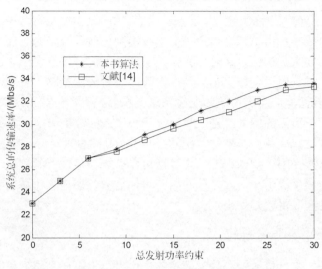

图 8.9　发射功率约束与系统总传输速率的关系

8.3.7　小结

本书提出了一种基于免疫克隆规划的多用户认知 OFDM 功率分配方案。实验结果表明，在满足主用户可容忍干扰、总功率限制及误码率的要求下，本算法可以最大化系统总的传输速率，同时收敛速度较快，可以对认知无线网络中的功率分配进行有效优化。

8.4　联合子载波和功率的比例公平资源分配

8.4.1　问题描述

前面的研究分别考虑了不同准则下的子载波分配和功率分配，均取得了较好的求解效果。在混合业务中，认知 OFDM 网络中多用户资源分配涉及子载波、功率的联合分配问题，子载波和功率进行联合分配才能获得最优解。一方面，可用子载波数目有限，另一方面，考虑此用户的干扰，认知用户本身的传输功率受限。在一个具有 M 个用户和 N 个子载波的系统中，共有 M^N 种子载波分配方法。在 RA 模式下，最大系统容量的分配方式才是全局最优解，相应的子载波分配和功率分配才是最优资源分配方式。显然，这是一个较为复杂的优化问题，寻求全局最优解的计算复杂度非常高。文献[17]提出一种基于贪婪策略的最优算法，求解效果较好但复杂度过高。为了降低算法的复杂度，文献[18]～[20]均采用次优的两阶段资源分配方法，即先将子载波分配给用户，然后分配功率给不同的子载波，取得了与最优分配算法接近的性能，但由于较少了变量个数，复杂度大大降低。认知无线网络的资源分配问题实际上是一个非线性优化问题,适合用智能方法求解[21]。此外,文献[18]~[21]均没有考虑次用户对资源需求的公平性,导致某些情况下次用户可能接收不到任何系统资源。而实际中不同次用户有不同的速率要求,这可以通过预先预定不同的比例公平来实现[22]。

基于此,本书采用已有研究中采用的两阶段资源分配策略,将其建模为一个约束优化问题。本书算法充分考虑了认知无线网络资源分配中主用户可接受的干扰门限值,并预先设定次用户所需的服务级别,设计了一种子载波分配方案,并给出一种改进的免疫优化求解方法,确保用户资源分配的公平性。仿真实验表明,在总发射功率、误码率及主用户可接受的干扰约束下,本算法可以获得与最优资源分配方法接近的系统吞吐量,同时兼顾了次用户对数据分配的公平性需求,在最大化系统吞吐量和次用户需求的公平性之间取得较好均衡。

8.4.2 比例公平资源分配模型

认知无线网络中,资源资源分配问题的优化目标为:在主用户可容忍(接受)干扰门限、总发射功率及误码率的限制下,最大化系统总的吞吐量(也称为次用户总的传输速率/总的传输比特位数),以提高频谱利用率[18-22]。假设在基于 OFDM 技术的认知无线网络中,一个基站的服务范围包括 1 个主用户和 M 个次用户,现共得到 N 个可用子载波,设系统总的吞吐量为 R_{sum},每个次用户 $m(1 \leq m \leq M)$ 的吞吐量(传输速率)为 R_m,则资源分配问题可以建模为

$$\max R_{sum} = \max \sum_{m=1}^{M} R_m$$

进一步,设 $b_{m,n}$ 表示一个符号周期内,用户 m 在第 n $(1 \leq n \leq N)$ 个子载波上的最大吞吐量(传输速率/位数),$\lambda_{m,n}$ 是子载波分配状态变量,当第 n 个子载波被用户 m 占用时,$\lambda_{m,n} = 1$,反之为 0,有

$$R_m = \sum_{n=1}^{N} \lambda_{m,n} b_{m,n}$$

由上面两个公式,则有

$$\max R_{sum} = \max \sum_{m=1}^{M} R_m = \max \sum_{m=1}^{M} \sum_{n=1}^{N} \lambda_{m,n} b_{m,n}$$

在一个 OFDM 符号周期内,用户 m 在子载波 n 上的最大吞吐量为[23]

$$b_{m,n} = \left\lfloor \log_2 \left(1 + \frac{p_{m,n} g_{m,n}^2}{\delta \left(N_0 W_c + S_{m,n} \right)} \right) \right\rfloor$$

式中,$\lfloor \ \rfloor$ 表示向上取整,$p_{m,n}$ 表示用户 m 在子载波 n 上的功率;$g_{m,n}$ 为用户 m 在子

载波 n 上的信道增益；N_0 表示对所有用户和子载波都相同的噪声频谱密度功率，各子载波的带宽为 W_c，δ 表示传输的误码率，在物理层采用 MQAM 调制时，$\delta = -\ln(5p_e)/1.5^{[15]}$，$S_{m,n}$ 表示主用户对次用户的干扰。

通过上面的分析，本书研究的认知无线网络资源分配问题建模为

$$\max \sum_{n=1}^{N}\sum_{m=1}^{M} b_{m,n}\lambda_{m,n} = \max \sum_{n=1}^{N}\sum_{m=1}^{M} \lambda_{m,n}\left\lfloor \log_2\left(1 + \frac{p_{m,n}g_{m,n}^2}{\delta\left(N_0 W_c + S_{m,n}\right)}\right)\right\rfloor \tag{8.11}$$

$$\text{s.t} \quad \sum_{m=1}^{M}\lambda_{m,n} \leqslant 1\,;\quad \lambda_{m,n} = \begin{cases} 0, & b_{m,n} = 0 \\ 1, & b_{m,n} \neq 0 \end{cases} \tag{8.12}$$

$$\sum_{n=1}^{N}\sum_{m=1}^{M} p_{m,n} \leqslant p_{\text{total}} \tag{8.13}$$

$$\sum_{m=1}^{M}\sum_{n=1}^{N} \lambda_{m,n} p_{m,n} I_n \leqslant I_{\text{th}} \tag{8.14}$$

$$R_1 : R_2 : \cdots : R_M = \alpha_1 : \alpha_2 : \cdots : \alpha_M \tag{8.15}$$

式中，约束条件(8.12)表示一个子载波只能被一个用户占用；约束条件(8.13)表示所有次用户发送的功率 $p_{m,n}$ 之和不能超过系统总功率上限 p_{total}；约束条件(8.14)表示所有次用户对主用户的干扰，不能超过其可容忍的干扰上限 I_{th}，I_n 表示在子载波 n 上，次用户对主用户的干扰因子；约束条件(8.15)表示次用户需要的不同级别的吞吐量，$\alpha_m(1 < m < M)$ 是预先给定的数值，以保证总速率在用户间呈比例分配。

公平性指标定义为[22-25]

$$F = \frac{\left(\sum_{i=1}^{M}\dfrac{R_m}{\alpha_m}\right)^2}{M\sum_{i=1}^{M}\left(\dfrac{R_m}{\alpha_m}\right)^2} \tag{8.16}$$

其最大值为 1 对应于最大公平。

通过上面的分析可见，资源分配包括子载波分配和功率分配两个过程。本书问题即转换为：在满足各种约束条件的前提下，求解次用户对应的子载波分配方案 $b_{m,n}$ 和功率分配方案 $p_{m,n}$，使得系统吞吐量最大并保证次用户需求的公平性。

8.4.3　基于免疫优化的资源分配实现过程

本书算法的基本思路如下：假设总功率在所有子载波间均等分布，先将子载波分配给次用户，达到初步分配公平，然后通过免疫优化算法对功率进行优化分配，达到

最大化系统吞吐量的同时满足次用户比例公平性需求。约束条件在优化过程中，通过对解的修正进行处理。

1) 子载波分配方案

子载波分配问题即是在满足各种约束条件下，将不同子载波分配给次用户的过程。已有的子载波分配方法，是将子载波分配给可以获得最大信道增益的次用户，这样可能造成次用户对主用户的干扰增益增大，使得次用户更多地受到主用户发射功率的限制，反而得不到理想的速率[26-28]。本书综合考虑次用户本身链路与主用户干扰链路的影响，设计了一种在主用户干扰门限下，充分考虑次用户分配公平性的子载波分配方案。

从上面的分析可知，次用户 m 在子载波 n 上传输一个数据位所需要的增量功率为

$$\Delta p_{m,n} = \frac{N_0 W_c + S_{m,n}}{g_{m,n}^2} 2^{b_{m,n}}$$

相应地，此增量功率对主用户造成的干扰为

$$\Delta I_{m,n} = \Delta p_{m,n} I_n$$

假设 N_m 表示分配给次用户 m 的子载波集合，$\varnothing$ 表示空集，$E = \{1, 2, \cdots, N\}$ 为总的子载波集合，用 n_p、n_I 分别表示产生最小发射功率增量和最小主用户干扰增量的子载波，R_m 为用户 m 的吞吐量(速率)，$b_{m,n}$ 表示用户 m 在第 $n\,(1 \leqslant n \leqslant N)$ 个子载波上的吞吐量(传输位数)，$P_{\min}$ 是为次用户传输数据所需的最小功率，I 为干扰变量。

具体分配过程如下。

(1)初始化 $R_m = 0$，$b_{m,n} = 0$，$N_m = \varnothing$，$P_{\min} = 0$，$I = 0$，计算

$$\Delta p_{m,n}, \Delta I_{m,n} \ (m \in [1, M], n \in [1, N])$$

(2)对所有的 $m \in [1, M]$，执行以下操作。

① 寻找 $m^* = \arg\min_m R_m / a_m$（即满足 $\dfrac{R_m}{a_m} \leqslant \dfrac{R_l}{a_l}, l \in [1, M]$，记为 m^*）。

② 寻找 $n_I = \arg\min_n \Delta I_{m^* n}$（寻找对主用户干扰最小的子载波 n_I）。

③ 如果 $p + \Delta I_{m^* n_p} \leqslant p_{\text{total}}$，且 $I + \Delta I_{m^* n_I} \leqslant I_{\text{th}}$，执行下面的操作。

(a) $R_{m^*} = R_{m^*} + 1$，$I = I + \Delta I_{m^* n_I}$。

(b) $P_{\min} = P_{\min} + \Delta I_{m^* n_I} / I_{n_I}$。

(c) $b_{m^* n_I} = b_{m^* n_I} + 1$，计算 $\Delta I_{m^* n_I}$。

(d) $N_m = N_m \bigcup \{n_I\}$，$E = E - \{n_I\}$；设置 $\lambda_{m,n} = 1$。

(e)判断 $E = \varnothing$ 是否成立，如果成立，输出 N_m，则子载波分配结束。否则，对于所有的 $m \neq m^*$，设置 $\Delta I_{m n_I} = \infty$；转步骤①。

④ 如果 $I + \Delta I_{m^* n_I} > I_{th}$ 或 $p + \Delta p_{m^* n_I} > p_{total}$，则有

$m^{*\prime} = \arg\min_m R_m / a_m (m \neq m^*)$，$m^* = m^{*\prime}$（即设置 m^* 为下一个具有较高 R_m / a_m 比值的用户），返回步骤②。

算法基本流程如图 8.10 所示。

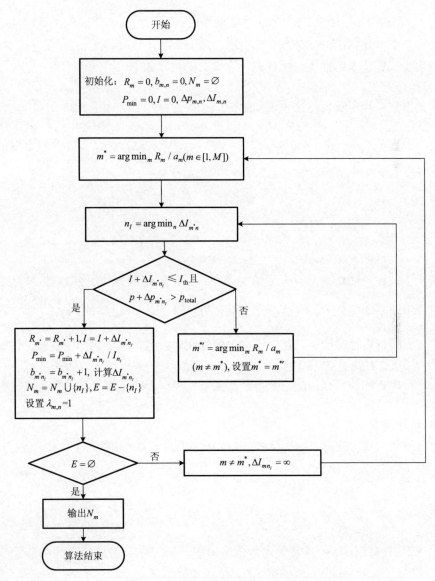

图 8.10　子载波分配算法基本流程

子载波分配结束后，可以粗略实现用户间数据吞吐量分配的比例公平性。进一步，

通过下面设计的基于免疫优化的功率分配来实现最大化系统吞吐量的同时满足次用户速率比例公平性需求。

此外，子载波分配结束后，每个次用户 $m(1 \leqslant m \leqslant M)$ 最终获得的最大吞吐量如下。

$$R_m = \sum_{n=1}^{N_m} \lambda_{m,n} b_{m,n} = \sum_{n=1}^{N_m} \left\lfloor \log_2 \left(1 + \frac{p_{m,n} g_{m,n}^2}{\delta(N_0 W_c + S_{m,n})} \right) \right\rfloor \tag{8.17}$$

式中，N_m 表示第 m 个用户分配到的子载波个数。

2)基于免疫优化的功率分配实现关键技术

利用免疫算法求解功率分配问题，主要关键技术如下。

(1)编码方式。

编码方式是利用免疫算法求解问题的一个关键技术[29]。由于算法目的是求得功率分配方案 $p_{m,n}$，因此，用一个 $M \times N$ 的矩阵编码表示，式中矩阵的行表示次用户 m $(m=1,2,\cdots,M)$，列表示子载波 n $(n=1,2,\cdots,N)$，矩阵的每个元素 $p_{m,n}$ 表示用户 m 在第 n 个载波上获得的功率，即

$$\boldsymbol{P} = \begin{bmatrix} p_{1,1} & p_{1,2} & \cdots & p_{1,N-1} & p_{1,N} \\ p_{2,1} & p_{2,2} & \cdots & p_{2,N-1} & p_{2,N} \\ \vdots & \vdots & & \vdots & \vdots \\ p_{M,1} & p_{M,2} & \cdots & p_{M,N-1} & p_{M,N} \end{bmatrix}$$

由于子载波分配结束后，分配给每个用户的子载波数 N_m 已经确定，并且子载波分配过程中功率均等分配，因此，每个用户的初始功率为 $p_{m,n} \in \left[0, \dfrac{N_m}{N} p_{\text{total}} \right]$。根据此先验知识进行抗体种群的初始化，可以加快算法的收敛速度，后面的实验也证明了这一点[30,31]。根据约束条件(8.12)可知，一个子载波只能被一个用户占用，表现在编码矩阵中，则为矩阵的每列只能有一个非零元素。经过编码后，一个抗体代表一种功率分配方案。

(2)抗体种群初始化。

按照编码方式，随机产生抗体组成初始抗体种群。对产出的每个抗体，进行满足最大功率 p_{total} 约束(约束条件(8.13))的处理，即计算 $\sum_{n=1}^{N} \sum_{m=1}^{M} p_{m,n}$，满足约束条件的抗体作为候选抗体。

(3)亲和度函数设计。

由于本书的优化目标为最大化总传输速率，同时需要考虑用户间的分配公平性(约束条件(8.15))，因此，对适应度函数作如下分析和定义。

从式(8.17)可以看出，R_m 可由分配功率矩阵 $p_{m,n}$ 计算得到，因此，可以根据抗体种群的初始化结果计算出每个用户的速率 R_m，进而可以求出比例速率和系统总的吞吐

量。根据公平性的定义(式(8.16))，公平性越大的分配矩阵 $p_{m,n}$，其亲和度函数越大，因此，将式(8.16)作为评价抗体亲和度的函数。

3) 基于免疫优化的功率分配算法具体实现

算法基本流程如图 8.11 所示。

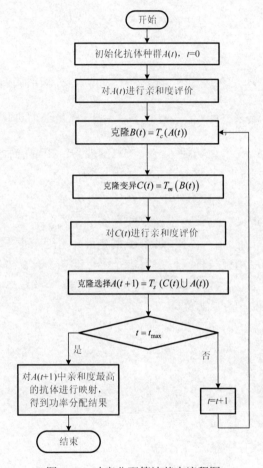

图 8.11　功率分配算法基本流程图

具体实现过程如下[32,33]。

(1) 初始化。

设进化代数 t 为 0，按照 8.2 节的方法初始化种群 A，规模为 k；则初始化种群记为：$A(t)=(p_1(t),p_2(t),\cdots,p_k(t))$，这里，$p_i(1 \leqslant i \leqslant k)$ 是一个候选功率分配方案；给定算法最大进化代数 $t_{\max}$。

(2) 亲和度评价。

对抗体种群 $A(t)$ 进行亲和度评价，计算每个抗体的亲和度 $f(p_i(t))(1 < i < k)$。

(3) 对 $A(t)$ 克隆扩增 T_c，形成 $B(t)$。

克隆操作 T_c 定义为

$$B(t) = T_c(A(t)) = [T_c(p_1(t)), T_c(p_2(t)), \cdots, T_c(p_k(t))]$$

本书采用常数克隆，克隆规模记为 q。克隆之后，种群

$$B(t) = \{p_1'(t), p_2'(t), \cdots, p_z'(t)\}$$

式中，$z = kq$。

(4) 克隆变异 T_m。

克隆变异定义为 $C(t) = T_m(B(t))$。本书中，设计了一种自适应变异概率，将进化代数与进化概率关联起来，即 $m_p = m_p \times \left(1 - \dfrac{t}{t_{\max}}\right)$，$t$ 是当前进化代数，$t_{\max}$ 是最大进化代数。其优势在于：在进化初期，进行大范围搜索；在进化后期，进行局部小范围搜索，可以加快进化过程[34]。变异之后，种群记为

$$C(t) = \{p_1''(t), p_2''(t), \cdots, p_z''(t)\}$$

本书中，变异通过交换矩阵 p 中任意两列的非零元素实现。这种变异方式易于实现并且不会破坏约束条件。它保证了每个子载波只分配给一个次用户并且所有通过变异产生的个体仍然满足约束条件，即它们仍是可行的功率分配方案。一个简单的例子如下，式中第 2 列和第 $N-1$ 列进行交换，变异之后 p' 变成了 p''。实际上，变异意味着交换两个次用户的功率分配方案。

$$p' = \begin{bmatrix} p_{1,1} & p_{1,2} & \cdots & p_{1,N-1} & p_{1,N} \\ p_{2,1} & p_{2,2} & \cdots & p_{2,N-1} & p_{2,N} \\ \vdots & \vdots & & \vdots & \vdots \\ p_{M-1,1} & p_{M-1,2} & \cdots & p_{M-1,N-1} & p_{M-1,N} \\ p_{M,1} & p_{M,2} & \cdots & p_{M,N-1} & p_{M,N} \end{bmatrix}$$

$$p'' = \begin{bmatrix} p_{1,1} & p_{1,N-1} & \cdots & p_{1,2} & p_{1,N} \\ p_{2,1} & p_{2,N-1} & \cdots & p_{2,2} & p_{2,N} \\ \vdots & \vdots & & \vdots & \vdots \\ p_{M-1,1} & p_{M-1,N-1} & \cdots & p_{M-1,2} & p_{M-1,N} \\ p_{M,1} & p_{M,N-1} & \cdots & p_{M,2} & p_{M,N} \end{bmatrix}$$

(5) 对抗体种群 $C(t)$ 进行亲和度评价。

$$f(C(t)) = f(p_1''(t), f(p_2''(t)), \cdots, f(p_z''(t))$$

(6) 定义克隆选择 T_s。

$$A(t+1) = T_s(C(t) \bigcup A(t)) = (p_1(t+1), p_2(t+1), \cdots, p_k(t+1))a$$

即选择 k 个亲和度高的抗体组成下一代种群 $A(t+1)$。

(7) 终止条件判断。

如果达到最大进化次数 $t_{\max}$，算法终止，将种群 $A(t+1)$ 中亲和度最高的抗体进行解码输出，即得到了最佳的功率分配方案；否则，$t=t+1$ 转步骤 (3)。

免疫优化后，系统总发射功率在用户之间合理分布，满足了用户之间的比例公平性需求。

4) 算法特点分析

(1) 设计了适合问题表示的抗体编码方式，直观并易于实现。

(2) 将先验知识加入抗体种群的初始化，有利于算法快速收敛。

(3) 非均匀变异算子的使用，使得变异操作与进化代数相结合，减少了变异的盲目性，进一步加快了收敛速度。

8.4.4　仿真实验结果与分析

(1) 实验环境和参数设置。

实验环境为 Windows XP 系统，采用 MATLAB7.0 编程实现。假设系统为多径频率选择性衰落信道，各子载波的信道增益 $g_{m,n}$ 服从平均信道增益为 1 的瑞利衰落，假设有 1 个主用户和 M 个次用户，次用户带宽为 5Hz，由 16 个子载波组成，各子载波的带宽为 $W_c=0.315$，次用户的误码率 p_e 设置为 10^{-3}，进而可以得到 δ 为 5dB；加性高斯白噪声的功率谱密度 $N_0=10^{-7}$ W/Hz，主用户对次用户的干扰 $S_{m,n}=10^{-6}$ W。为了充分验证在不同的约束条件限制下系统的性能，所有次用户总发射功率 $P_{\text{total}}=0.5\sim1.5$ W，$I_{\text{th}}^n=10^{-3}\sim10^{-2}$ W，次用户数 $M=2\sim20$ 个。

通过反复实验，免疫克隆算法的参数设置为：最大进化代数 $t_{\max}$=200；种群规模 $k=30$，抗体编码长度等于子载波的个数 $N=16$，克隆系数 $q=4$。

实验中，比例吞吐量 (速率) 约束限制设置与文献[22]保持一致。假设次用户数为 $M=4$，具体设置如表 8.1 所示。

表 8.1　比例速率约束设置

编号	比例速率设置
1	$\alpha_1:\alpha_2:\alpha_3:\alpha_4=1:1:1:1$
2	$\alpha_1:\alpha_2:\alpha_3:\alpha_4=1:2:4:8$
3	$\alpha_1:\alpha_2:\alpha_3:\alpha_4=1:1:1:8$
4	$\alpha_1:\alpha_2:\alpha_3:\alpha_4=1:1:1:16$

(2) 算法性能分析。

为了验证算法性能，在相同的参数设置下，与实验环境设置相同的代表性文献[21]和[22]进行对比。文献[21]是一种系统速率最大的优秀算法，而文献[22]是一种考虑了公平性的资源分配算法，具有很好的性能和代表性。

　　实验首先验证了本书算法的性能，结果如图 8.12～图 8.14 所示。

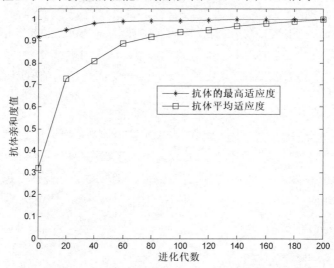

图 8.12　进化代数与抗体种群亲和度的关系

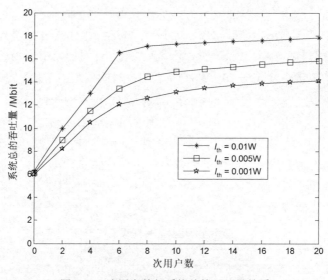

图 8.13　次用户数与系统总的吞吐量关系

　　图 8.12 所示为本书算法进化代数与抗体亲和度值之间的关系。从图 8.12 中可以看出，随着进化代数的增加，个体的平均亲和度逐渐收敛于最大亲和度，说明本书算法能够实现用户之间的吞吐量呈比例分配。此外，从图中 8.12 也可以看出，算法能较快收敛，这是由于子载波分配结束后，用户间的比例吞吐量要求已经基本得到满足，把这些先验知识加入初始抗体种群，以及针对本问题设计的各种免疫算子加快了算法的收敛速度。理论分析和实验结果是一致的。

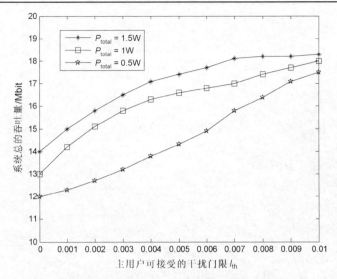

图 8.14　主用户可接受的干扰门限与系统的吞吐量的关系

图 8.13 为在不同的干扰门限 I_{th} 下，次用户数与系统总速率的关系。此时假设 $P_{total}=1W$，其他参数设置如 8.4.3 节设置，比例速率要求为编号 1。从图 8.13 中可以看出，由于本书算法子载波的选择过程充分考虑了次用户对主用户链路的干扰，所以随着次用户数的增多，系统总吞吐量逐渐增加，这也是多用户分集效果的体现，但受到子载波数目的限制，速率增加的程度越来越慢。同时，主用户可以忍受的干扰值 I_{th} 越大，则允许次用户的发射功率越高，系统的总吞吐量(次用户总的传输位率、传输速率)就越高，这是合理的。

图 8.14 为在次用户个数为 4，在主用户可接受的不同干扰约束 I_{th} 下(其他参数如 8.4.3 节设置，比例速率要求为编号 1)，系统总的吞吐量变化示意图。从图 8.14 中可以看出，随着 P_{total} 功率增高，系统总的吞吐量在增加，但总体差距越来越小。这是因为：随着干扰容量的增加，系统变得干扰受限，可用来为次用户进行传输的功率不再是主要限制因素。而对于给定的功率值，速率总和增加到一个限制值，系统不再受主用户可以接受的干扰功率限制。

图 8.15 和图 8.16 为本书算法与文献[21]和[22]的吞吐量与公平性比较。图 8.15 所示为不同公平性比例速率限制下，系统的总吞吐量示意图，参数的设置为 $P_{total}=0.1W$，$I_{th}=0.01W$，其他参数设置如 8.4.3 节所示。从图 8.15 中可以看出，文献[21]可以最大化系统容量，但由于没有考虑用户的公平性，所以总容量保持不变。而本书算法总容量随着速率限制条件的变化而变化，这是因为比例速率编号从 1~4，更多的资源被分配给了用户 4，此时资源分配不均衡，用户多样性的减少，使得总容量也随之减少。同样也可以看出，在同样的比例公平性限制下，本书算法比文献[22]可以得到更高的总吞吐量，说明本书算法在吞吐量和公平性均衡方面取得了较好均衡。

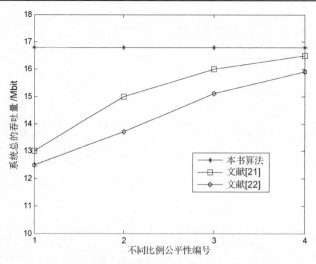

图 8.15　不同比例速率下系统的总吞吐量

图 8.16 直观地显示了用户速率之比为 $\alpha_1 : \alpha_2 : a_3 : \alpha_4 = 1:1:1:16$ 时总吞吐量在用户之间的分布。式中第一列表示理想分布，即总吞吐量按照用户的速率之比分布，其值为 $F'_m = \dfrac{\alpha_m}{\sum\limits_{i=1}^{M} \alpha_i}$ ，而每个用户实际获得的比例公平性等于该用户所获得的实际吞吐量（速率）比上所有用户的吞吐量之和，表示为 $F''_m = \dfrac{R_m}{\sum\limits_{i=1}^{M} R_i}$ ，第二列表示文献[21]算法，第 3 列表示本书算法，第 4 列表示文献[22]算法。

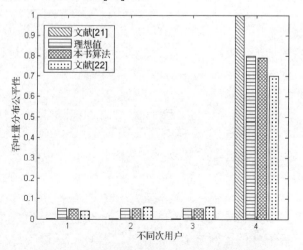

图 8.16　用户数与吞吐量分布公平性的关系

从图 8.16 中可以看出，本书算法使得总容量在用户之间呈比例分布，非常接近于理想的比例分布，比文献[22]分布更加公平。而文献[21]中的算法由于没有考虑比例公平速率要求，将每一个载波都分配给其上信道增益最大的次用户，因此，当次用户 4 的信道条件好于所有其他用户的时候，次用户 4 将占用几乎所有的系统资源，而其他次用户几乎接收不到任何数据。

8.4.5　小结

本书提出了基于免疫优化算法的认知无线网络资源分配算法。算法充分考虑了主用户的可容忍门限和不同次用户对速率的不同需求。实验结果表明，在满足主用户可容忍干扰、总功率限制及误码率的要求下，本算法可以获得与最优资源分配方法接近的系统吞吐量，同时兼顾了次用户对数据分配的公平性需求，在最大化系统吞吐量和次用户需求的公平性之间取得较好均衡。

8.5　本 章 小 结

本书主要介绍了认知无线网络中基于 OFDM 的资源分配问题。针对子载波资源的分配问题、功率分配问题载波和功率的联合分配问题，设计了相应的免疫优化算法。仿真结果表明了算法的有效性。

参 考 文 献

[1] Haykin S. Cognitive radio: Brain empowered wireless communications. IEEE Journal on Selected Areas in Communications, 2008, 23(2): 201-220.

[2] Mahmoud H A, Yucek T, Arslan H. OFDM for cognitive radio: Merits and challenges. IEEE Wireless Communications Magazine, 2009, 16(2): 6-15.

[3] Maciel T F, Klein A. On the performance, complexity, and fairness of suboptimal resource allocation for multi-user MIMO-OFDMA systems. IEEE Transactions on Vehicular Technology, 2010, 59(1): 832-839.

[4] 周杰, 俎云霄. 一种用于认知无线电资源分配的并行遗传算法. 物理学报, 2010, 59(10): 7508-7515.

[5] Almalfouh S M, Stüber G L. Interference aware radio resource allocation in OFDMA based cognitive radio networks. IEEE Transactions on Vehicular Technology, 2011, 60(4): 1699-1713.

[6] 张然然, 刘元安. 认知无线电下行链路中 OFDMA 资源分配算法. 电子学报, 2010, 38(3): 632-637.

[7] Shi J, Xu W J, He Z Q, et al. Resource allocation based on genetic algorithm for multi-hop OFDM system with non-regenerative relaying. The Journal of China Universities of Posts and Telecommunications, 2009, 9(10): 7508-7515.

[8] Xi K, Liang Y C. A optimal power allocation for fading channels in cognitive radio networks: Ergodic capacity and outage capacity. IEEE Transactions on Wireless Communication, 2009, 8(2): 940-950.

[9] Ge W D, Ji H. Optimal power allocation for multi-user OFDM and distributed antenna cognitive radio with RoF. Journal of China Universities of Posts and Telecommunications, 2010, 18(9): 897-1013.

[10] 俎云霄, 周杰. 基于组合混沌遗传算法的认知无线电资源分配. 物理学报, 2011, 60(7): 079501-079508.

[11] Renk T, Kloeck C, Burgkhardt D. Bio-inspired algorithms for dynamic resource allocation in cognitive wireless networks. Mobile Networks and Applications, 2008, 13(5): 431-441.

[12] An H, Kyung K B. A survey of artificial intelligence for cognitive radios. IEEE Transactions on Vehicular Technology, 2010, 59(4): 2132-2139.

[13] Zhang Y H, Leung C. A distributed algorithm for resource allocation in OFDM cognitive radio systems. IEEE Transactions on Vehicular Technology, 2011, 60(2): 546-554.

[14] Zu Y X, Zhou J, Zeng C C. Cognitive radio resource allocation based on coupled chaotic genetic algorithm. Chinese Physics B, 2010, 19(11): 704-711.

[15] 兰海燕, 杨莘元, 刘海波, 等. 基于文化算法的多用户 OFDM 系统资源分配. 吉林大学学报(工学版), 2011, 41(1): 226-230.

[16] Gong M G, Jiao L C. Baldwinian learning in clonal selection algorithm for optimization. Information Sciences, 2010, 180(18): 1218-1236.

[17] Peng C, Zu Z, Pi Q. Optimal distributed joint frequency, rate, and power allocation in cognitive OFDMA. IET Communications, 2008, 2(6): 815-826.

[18] 周广素, 吴启晖. 认知 OFDM 系统中具有 QoS 要求的自适应资源分配算法. 解放军理工大学学报(自然科学版), 2010, 11(6): 608-612.

[19] Xi K, Liang Y C, Nallanathan A. Optimal power allocation for fading channels in cognitive radio networks: Ergodic capacity and outage capacity. IEEE Transactions on Wireless Communications, 2009, 8(2): 21-29.

[20] Jiang Y Q, Shen M, Zhou Y P. Two-dimensional water-filling power allocation algorithm for MIMO-OFDM systems. Science China: Information Science, 2010, 43(6): 1123-1128.

[21] Wang W, Wang W B. A resource allocation scheme for OFDMA-based cognitive radio networks. International Journal of Communications System, 2010, 22(5): 603-623.

[22] Shaat M, Bader F. Fair and efficient resource allocation algorithm for uplink multi-carrier based cognitive networks. IEEE International Symposium on Personal, Indoor and Mobile Radio Communications, PIMRC, New York, 2010: 1212-1217.

[23] 唐伦, 曾孝平, 陈前斌, 等. 认知无线网络基于正交频分复用的子载波和功率分配策略. 重庆大学学报, 2010, 33(8): 17-22.

[24] 许文俊, 贺志强, 牛凯. OFDM 系统中考虑信源编码特性的多播资源分配方案. 通信学报, 2010,

31 (8): 52-59.

[25] Zhang R, Cui S G, Ying C L. On ergodic sum capacity of fading cognitive multiple-access and broadcast channels. IEEE Transactions on Information Theory, 2009, 55 (11): 5161-5178.

[26] Wu D, Cai Y M, Sheng Y M. Joint subcarrier and power allocation in uplink OFDMA systems based on stochastic game. Science China: Information Science, 2010, 43 (12): 3211-3218.

[27] Sharma N, Tarcar A K, Thomas V A, et al. On the use of particle swarm optimization for adaptive resource allocation in orthogonal frequency division multiple access systems with proportional rate constraints. Information Science, 2012, 182 (1): 115-124.

[28] Gong M G, Jiao L C, Ma W P, et al. Intelligent multi-user detection using an artificial immune system. Science China: Information Science, 2009, 52 (12): 2342-2353.

[29] Gong M G, Jiao L C, Zhang L N. Immune secondary response and clonal selection inspired optimizers. Progress in Natural Science, 2009, 19 (2): 237-253.

[30] 柴争义, 陈亮, 朱思峰, 等. 基于克隆优化的认知无线网络功率控制. 电子科技大学学报, 2013, 33 (1): 11-16.

[31] 柴争义, 王冉, 王颖锋, 等. 认知无线网络中基于免疫优化的比例公平资源分配. 北京理工大学学报, 2013, 33 (8): 794-800.

[32] Chai Z Y, Zhu S F, Shen L F. Rate adaptive resource allocation in orthogonal frequency division multiple access system using multi-objective immune algorithm. International Journal of Communication Systems, 2014, 27 (11): 3255-3265.

[33] Chai Z Y, Liu F, Qi Y T, et al. A novel immune optimization algorithm for resource allocation in cognitive wireless network. Wireless Personal Communications, 2013, 69 (4): 1671-1687.

[34] Chai Z Y, Liu F, Qi Y T, et al. On the use of immune clonal optimization for joint subcarrier and power allocation in OFDMA with proportional fairness rate. International Journal of Communication Systems, 2013, 26 (10): 1273-1287.

第9章 基于免疫的新型入侵防御模型研究

9.1 概　　述

入侵防御是目前网络安全技术发展的主要方向之一。它对所流经的网络流量进行检测与响应，具备主动防御能力。生物免疫系统的免疫学习、认知、反馈等机制，能够有效识别并清除外来入侵，实现免疫防御，这与网络入侵防御有着惊人的相似性[1]，同时也为入侵检测防御的研究提供了一条新思路。已有的基于免疫的代表性入侵检测模型中[2-4]，存在的主要问题有：自体库过于庞大，成熟检测器的生成代价过大；自体/非自体、抗体等采用静态描述模型，缺乏自适应机制，不能满足真实网络环境情况。动态克隆选择算法[5]提出了自体动态变化的概念，但较为粗糙，也缺少定量描述。文献[6]给出了一种动态检测模型，但其中未成熟检测器随机生成，成熟效率较低。

基于此，本书借鉴生物免疫系统中抗体自身演化以及对入侵抗原的检测和处理过程[1]，提出了一种基于免疫的动态入侵防御模型。给出了入侵防御模型的形式化描述和检测性能的数学定义；建立了自体、非自体、抗原、抗体的形式化描述和动力学方程，提高了模型的自适应能力；提出了一种基因驱动的检测器进化算法，提高了成熟检测器的生成效率和性能，并采用疫苗注入方法提高网络的整体防御能力；最后进行了仿真实验。实验结果表明，本模型具有更低的虚警率和漏检率，更高的检测率，具有更好的检测性能，有效提高了网络的安全防御能力。

9.2 基本理论基础

9.2.1 入侵防御模型的形式化描述

基于免疫的入侵防御模型 $\sum_{\text{AIPS}}$ 可表示为四元组：$\sum_{\text{AIPS}} = (\text{IN}_{\text{AIPS}}, \text{OUT}_{\text{AIPS}}, G_{\text{AIPS}}, D_{\text{AIPS}})$，其中 IN_{AIPS} 表示入侵防御模型的输入，一般表现为网络数据包。令 W 表示输入的整个论域，I 表示入侵数据集合，$\bar{I}$ 表示正常数据集合，则 I 和 $\bar{I}$ 互斥，有 $I \cup \bar{I} = W, I \cap \bar{I} = \varnothing$，$\text{IN}_{\text{AIPS}} \in W$。$\text{OUT}_{\text{AIPS}}$ 表示入侵防御模型的输出，输出为报警 A 和不报警 $\bar{A}$ 两种状态，报警用 1 表示，不报警用 0 表示。G_{AIDS} 表示输入与输出之间

的非线性函数关系，有：$OUT_{AIPS} = G_{AIPS}(IN_{AIPS}) = \begin{cases} 1, & IN_{AIPS} \in I \\ 0, & IN_{AIPS} \in \bar{I} \end{cases}$。$D_{AIPS}$ 表示对检测

到的入侵数据进行相应的主动防御处理，如直接丢弃。

9.2.2　入侵防御模型的检测性能描述

用符号 R_{TP}、R_{MP}、R_{FP} 分别表示入侵防御模型 $\sum_{AIPS}$ 的检测率、漏警率、虚警率，则

$$R_{TP}\left(\sum\nolimits_{AIPS}\right) = P(OUT_{AIPS} = 1 / IN_{AIPS} \in I)$$

$$R_{MP}\left(\sum\nolimits_{AIPS}\right) = P(OUT_{AIPS} = 0 / IN_{AIPS} \in I) = 1 - R_{TP}$$

$$R_{FP}\left(\sum\nolimits_{AIPS}\right) = P(OUT_{AIPS} = 1 / IN_{AIPS} \in \bar{I})$$

采用错误概率作为检测性能的指标[1]，用符号 DP 表示。定义入侵防御模型的检测性能为

$$DP\left(\sum\nolimits_{AIPS}\right) = W_{MP} \times R_{MP}\left(\sum\nolimits_{AIPS}\right) + W_{FP} \times R_{FP}\left(\sum\nolimits_{AIPS}\right)$$

式中，W_{MP} 和 W_{FP} 为权值，有 $0 \leqslant W_{MP} \leqslant 1$，$0 \leqslant W_{FP} \leqslant 1$，$0 \leqslant W_{MP} + W_{FP} \leqslant 1$，因此，$DP\left(\sum\nolimits_{AIPS}\right) \in [0,1]$。DP 值越小说明检测性能越好，理想的入侵防御模型的 DP = 0。一个优异的入侵防御模型应该具有高的检测率和低的虚警率。

9.2.3　生物免疫系统与入侵防御的隐喻关系

基于免疫的入侵防御模型中，生物体隐喻为网络，生物免疫系统中的淋巴结隐喻为网络中的主机，免疫系统中的抗原隐喻为入侵防御中的网络行为。根据免疫学原理，抗原又被分为自体抗原和非自体抗原，因此自体抗原被隐喻为正常网络行为，非自体抗原被隐喻为非法网络行为。生物免疫系统中免疫抗体分为未成熟抗体、成熟抗体和记忆抗体。抗原由成熟抗体和记忆抗体来检测，因此，抗体（包括成熟抗体和记忆抗体）被隐喻为入侵防御模型的检测器。生物免疫系统中抗体识别判断抗原是自体/非自体的过程就被隐喻为检测器检测网络行为是否正常（入侵）的过程[1,6,7]。

本模型的基本任务为：检测输入的待检抗原集合 Ag，将抗原分类为自体或非自体，其中被分类为自体的抗原被并入整个模型的自体集中，用作下一步未成熟抗体的耐受处理，保证了正常行为的动态更新。由于自体是动态的，所以耐受也是动态的，也即保证了检测器的自适应生成。同时，在检测出入侵后，模拟吞噬细胞的功能，对入侵数据包进行丢弃处理。

9.3　模型具体实现

9.3.1　抗原、自体与非自体的形式化描述

定义论域 $D = \{0,1\}^l$，抗原集合 $\text{Ag} \subset D$，自体集合 $\text{Self} \subset \text{Ag}$，非自体集合 $\text{Nonself} \subset \text{Ag}$。有 $\text{Self} \bigcup \text{Nonself} = \text{Ag}$，$\text{Self} \bigcap \text{Nonself} = \varphi$。其中 Ag 表示对网络上传输的 IP 包进行特征提取得到的长度为 1 的二进制字符串，包括 IP 地址、端口号、协议类型等网络事务特征[6]。Self 集为正常网络行为，Nonself 集为非法网络行为(攻击)。

9.3.2　抗体形式化描述

定义免疫抗体集合 B，每个抗体为一个三元组，$B = \{< d, \text{age}, \text{count} > | d \in D \wedge \text{age} \in \mathbf{N} \wedge \text{count} \in \mathbf{N}\}$，其中 d 为抗体(长度为 L 的二进制字符串)，age 为抗体年龄，count 为抗体的累计亲和力数目，$\mathbf{N}$ 为自然数集合。检测器(抗体集合) $B = M_b \bigcup T_b$，其中 T_b 为成熟免疫抗体集合，它由经过自体耐受的未成熟免疫抗体构成。记忆免疫抗体集合为 $M_b = \{x | x \in B, x.\text{count} > \theta\}$，$\theta$ 为匹配阈值，即记忆抗体由被激活的成熟抗体进化而来。

定义未成熟免疫抗体集合为尚未进行自体耐受的抗体

$$I_b = \{< d, \text{age} > | d \in D, \text{age} \in \mathbf{N}\}$$

为了防止抗体匹配到自体，新生成的未成熟抗体必须通过自体耐受才能与抗原匹配，对新生成的未成熟抗体 I_b 用式(9.1)进行自体耐受。通过自体耐受的未成熟抗体将进化为成熟抗体 T_b，而未通过自体耐受的未成熟抗体将死亡。

$$f_{\text{tolerance}}(I_b) = I_b - \{x | x \in I_b \wedge \exists y \in \text{Self} \wedge f_{\text{match}}(x, y) = 1\} \tag{9.1}$$

式中，f_{match} 函数定义如式(9.2)所示，采用 r 匹配算法，1 表示匹配，0 表示不匹配[8]。

$$f_{\text{match}}(x, y) = \begin{cases} 1, & \begin{aligned} &\exists i, j(x.d_i = y_i, x.d_{i+1} = y_{i+1}, \cdots, x.d_j = y_j, \\ &j - i \geq r, 0 < i < j \leq l, i, j, r \in \mathbf{N}) \end{aligned} \\ 0, & \text{其他} \end{cases} \tag{9.2}$$

9.3.3　自体的动力学方程

在真实环境中，正常网络行为(自体)和非正常网络行为(非自体)往往是动态变化的。传统的方法为了包含更多的正常行为，自体库往往过于庞大，并且由于成熟检测

器的训练代价与自体集合的大小呈指数关系, 造成计算代价过大[9]。因此, 本书提出了一个网络自体(正常活动)随时间动态变化的方程, 并保证自体范围大小为 L, 提高了训练效率。

定义自体的动力学方程为

$$\text{Self}(t) = \begin{cases} \{x_1, x_2, \cdots, x_n\}, & t = 0 \\ \text{Self}(t-1) - \text{Self}_{\text{dead}}(t) - \text{Self}_{\text{variation}}(t) + \text{Self}_{\text{new}}, & t \geqslant 0 \end{cases} \quad (9.3)$$

$$\text{Self}_{\text{variation}}(t) = \{x \mid x \in \text{Self}(t-1), \exists y \in B(t-1) \wedge f_{\text{match}}(x, y) = 1\}$$

方程(9.3)中 $x_i \in D(i \geqslant 1, i \in \mathbf{N})$ 为初始自体集合。$\text{Self}_{\text{dead}}$ 表示当自体集合大小超过阈值 L 时, 按 LRU(最久未使用)的原则淘汰一部分自体元素, 保证自体集合的大小在一定规模, 确保免疫耐受工作能够高效进行。$\text{Self}_{\text{variation}}$ 表示发生了变异的自体(由自体变为非自体)。Self_{new} 表示新增加的自体元素。

动态自体模型很好地模拟了真实网络环境下自体随时间动态变化的情形。通过自身动态变化监视, 随时清除发生变异的自体 $\text{Self}_{\text{variation}}$, 避免未成熟抗体对发生变异的自体耐受, 从而降低了漏警率。另外通过动态地增加自体元素 Self_{new}, 扩大自体的描述范围, 降低了虚警率。

9.3.4　未成熟抗体的生成和演化

Forrest 的否定选择算法(NSA)[8]和已有算法[2-7]中, 未成熟抗体的生成采用随机产生。这样虽然保证了抗体的多样性, 但存在较多冗余, 效率也不高[9,10]。本书中, 未成熟抗体的生成采用一部分完全随机产生, 确保抗体的多样性, 另一部分由基因库组合、串联生成的方法生成, 提高了其成为成熟检测器的可能性和生成效率, 减少了计算量。

定义

$$I_{\text{new}}(t) = \text{Random}(\text{Ag}) + \text{Random}(\text{Gene}(t))$$

由于基因能用于描述异常的网络行为, 所以, 由这些基因组合、串联生成的检测器对相应的异常网络行为检测具有较好的预见性[11]。

定义基因库的动力学方程为

$$\text{Gene}(t) = \begin{cases} \{g_1, g_2, \cdots, g_k\}, & t = 0 \\ \text{Gene}(t-1) - \text{Gene}_{\text{dead}}(t) + \text{Gene}_{\text{new}}(t), & t \geqslant 1 \end{cases}$$

式中, $g_i \in D(1 \leqslant i \leqslant k)$ 为初始的抗体基因库。定义 $\text{Gene}_{\text{dead}}(t) = \bigcup\limits_{x \in M_{\text{dead}(t)}} (x.d)$ 为 t 时刻发生错误肯定(虚警)的记忆细胞基因。定义 $\text{Gene}_{\text{new}}(t) = \bigcup\limits_{x \in T_{\text{clone}(t)}} (x.d)$ 为 t 时刻抗体初次应答时抗体克隆体的基因。

　　同时，本书借鉴生物免疫系统的反馈机制，利用免疫耐受结果动态调整基因库。在设计基因库的时候，为每个基因片段加上最近的使用次数、免疫耐受失败次数和免疫耐受成功次数的字段(本模型中若失败次数大于 10，则替换此基因片段)。这种选取方式，可以提高后续生成的未成熟检测器耐受成功的概率，从而提高检测器的生成效率。

　　为了更好地控制检测器的进化方向，可以采用注射疫苗的方式。注射疫苗就是人工地将一段特有的基因与现有的未成熟检测器进行交叉变异，产生具有特殊基因的未成熟检测器，通过免疫耐受后参与到检测中，提高入侵防御系统对特定攻击的检测和防御能力，减少系统漏警率。本模型中，交叉概率取 0.2，变异概率取 0.01。在实际应用中，对于各种新出现的入侵手段，提取并注入相应的疫苗，有利于提高系统的整体检测和防御性能。

9.3.5　自体耐受动力学方程

　　未成熟抗体必须经过自体耐受才能转化为成熟抗体。由于自体 Self 是动态的，所以耐受过程也是动态的[6,12]。

　　定义自体耐受动力学方程为

$$I_b(t) = \begin{cases} \{x1, x2, \cdots, x\xi\}, & t = 0 \\ I_{\text{tolerance}}(t) - I_{\text{maturation}}(t) + I_{\text{new}}(t), & t \geq 1 \end{cases} \tag{9.4}$$

$$\begin{cases} I_{\text{tolerance}}(t) = \{y \mid y \in I_b, y.d = x.d, y.age = x.age \\ \quad + 1\{x \mid x \in (I_b(t-1) - \{x \mid x \in I_b(t-1), \exists y \in \text{self}(t-1) f_{\text{match}}(x, y) = 1\})\}\} \\ I_{\text{maturation}}(t) = \{x \mid x \in I_{\text{tolerance}}(t), x.age > a\} \end{cases} \tag{9.5}$$

　　方程(9.4)模拟免疫细胞自体耐受情况，其中 $x_i \in D(1 \leq i \leq \xi)$ 为初始的未成熟免疫细胞，$I_{\text{tolerance}}(t)$ 为上一阶段的自体 $\text{self}(t-1)$ 经历一次耐受后剩下的免疫细胞。$I_{\text{maturation}}(t)$ 为 t 时刻已经成熟的免疫抗体(a 模拟耐受期，为大于 1 的常数)。$I_{\text{new}}(t)$ 为 t 时刻新生成的未成熟免抗体。

　　动态耐受模型可以高效率地产生成熟细胞，并对经常性的正常网络活动耐受，保证了对突发网络活动的敏感性。这正好适应真实网络环境。一般来说，经常出现的活动是正常、合法的网络行为，而突然出现的某种网络活动很可能是非法的入侵。因此，提高了系统模型的检测性能。

9.3.6　成熟抗体动力学方程

　　未成熟抗体经过自体耐受进化为成熟抗体。设 T_b 为成熟抗体集合。成熟抗体集合的动力学方程为

$$T_b(t) = \begin{cases} \phi, & t = 0 \\ T_b(t-1) + T_{new}(t) - (T_{active}(t) + T_{dead}(t)), & t \geqslant 1 \\ T_{new}(t) = I_{maturation}(t) + T_{clone}(t) \end{cases}$$

式中，$I_{maturation}(t)$ 为 T 时刻新进化产生的成熟抗体（参见方程(9.5)），$T_{clone}(t)$ 为细胞克隆新产生出的免疫抗体。

$$T_{active} = \{x \mid x \in T_b \wedge x.\text{count} \geqslant \theta \wedge x.\text{age} \leqslant \lambda\}$$

$$T_{dead} = \{x \mid x \in T_b \wedge x.\text{count} < \theta \wedge x.\text{age} > \lambda\}$$

式中，T_{active} 表示激活为记忆抗体的成熟抗体，即在生命周期 λ 内，匹配抗原数目达到了激活阈值。T_{dead} 表示年龄超过生命周期 λ 而匹配抗原数目未达到激活阈值的成熟抗体，将被删除。

死亡机制确保了免疫细胞的多样性，保证了其对抗原空间的持续搜索能力，并能保留那些最好的免疫细胞。并通过克隆选择，淘汰那些对检测入侵没有作用或作用不大的抗体，保留优势抗体使之进化为记忆抗体，当类似入侵再次发生时，能进行更高效的应答和防御[13]。

9.3.7　记忆抗体动力学方程

设 M_b 为记忆抗体集合，其动力学方程定义为

$$M_b(t) = \begin{cases} \phi, & t = 0 \\ M_b(t-1) + M_{new}(t) + M_{other}(t) - M_{dead}(t), & t \geqslant 1 \end{cases}$$

式中

$$M_{death}(t) = \{x \mid x \in M_b(t), f_{match}(x, \text{Self}(t-1)) = 1\}$$
$$M_{new}(t) = T_{active}(t) + M_{clone}(t)$$

即 $M_{new}(t)$ 由成熟抗体进化而来和克隆选择产生。$M_{death}(t)$ 模拟记忆细胞死亡过程，若某记忆细胞匹配了一个已经被证实的自体抗原，那么该记忆细胞会因发生了误识别，而被删除掉。$M_{other}(t)$ 指从其他主机接受的免疫记忆抗体，模拟生物免疫系统疫苗分发与种痘的过程，以迅速使其他机器具备主动防御类似抗原攻击的能力，为在整个网络中有效抵御类似攻击的蔓延提供了支持。这样，当类似抗原再次入侵时候，免疫系统能很快地进行二次响应，对威胁进行迅速准确的判断。

免疫记忆抗体模型中的淘汰机制进一步降低了系统虚警率和漏警率，增强了模型的自适应性。

9.3.8　抗原及其动力学方程

定义待检抗原集合：$sAg \subset Ag$，$|sAg| = \varepsilon * |Ag|, 0 < \varepsilon < 1$。定义抗原动力学方程为

$$\mathrm{Ag}(t) = \begin{cases} \mathrm{Self}(0), & t = 0 \\ \mathrm{Ag}(t-1) - \mathrm{Ag}_{\mathrm{nonself}}(t), & t > 0, \quad t \bmod p \neq 0 \\ \mathrm{Ag}_{\mathrm{new}}(t), & t > 0, \quad t \bmod p = 0 \end{cases}$$

$$\mathrm{Ag}_{\mathrm{nonself}}(t) = \{x \mid x \in \mathrm{sAg}(t-1), \exists y \in M_{\mathrm{new}}(t) \wedge f_{\mathrm{match}}(y, x) = 1\}$$

式中，p 为抗原更新周期，表示每 p 代，就把 Ag 换为全新的抗原集合 $\mathrm{Ag}_{\mathrm{new}}$。sAg 为系统每次进行处理的抗原，其元素按比例 ε（$0 < \varepsilon < 1$）随机从 Ag（包括自体和非自体元素）中抽取。$\mathrm{Ag}_{\mathrm{nonself}}$ 为 t 时刻被检测出来的非自体抗原。更新周期内抗原集合的变化只是删除被检测出来的非自体抗原，这样通过 p 步的检测，剩下的抗原即被分类为自体抗原 $\mathrm{Ag}_{\mathrm{self}}$，并送给未成熟免疫细胞 I_b 进行耐受处理。在 t 时间内，抗原集合保持一定比例的自体、非自体，以确保训练出一定数量满足要求的成熟细胞和记忆细胞[14]。

9.3.9　模型入侵防御过程及性能分析

对网络入侵行为检测和防御具体步骤如下。

(1)抗原提呈[15,16]。从实际网络数据流中，提取 IP 包的 IP 地址、端口号、协议类型等数据的特征信息，构成长度为 1 的二进制串，作为抗原定期放入抗原集合 Ag 中。

(2)记忆抗体检测抗原。利用记忆抗体集合 M_b 对抗原集合 Ag 进行检测，把被记忆抗体检测为非自体的抗原 $\mathrm{Ag}_{\mathrm{nonself}}$ 从 Ag 中删除，如果记忆抗体检测到自体就从 M_b 中删除。当记忆抗体检测到入侵时，将攻击的疫苗分发给网络中的其他主机，以迅速使其他主机具备主动防御类似抗原攻击的能力。

(3)成熟抗体检测抗原。利用成熟抗体集合 T_b 对抗原集合 Ag 进行检测，被成熟抗体检测为非自体的抗原 $\mathrm{Ag}_{\mathrm{nonself}}$ 从 Ag 中删除[17,18]。如果成熟抗体在一定周期内检测到足够的抗原就会被激活，进化为记忆抗体（T_{active}）；反之在生命周期内未被激活或检测到自体元素，则死亡（T_{dead}）。

(4)自体集合更新。经过上述检测剩下的抗原作为自体抗原加入自体集合，保持自体动态更新，同时与未成熟抗体集合 I_b 元素进行动态自体耐受，保持抗体的动态进化循环。

9.3.10　模型性能分析

由上面的定义和分析可知，本模型的主要创新点如下。

(1)基于动态自体库的动态自体耐受、检测器(抗体)自适应生成。

由于自体库是动态的，所以自体耐受过程也是动态的，同样，保证了检测器（$B = M_b \bigcup T_b$）的生成是根据正常行为的改变而动态自适应生成，适应真实网络环境的需要。

(2)基于基因驱动的检测器进化算法。

模型中，将入侵行为的特征描述为基因，通过基因组合的形式得到未成熟检测器；

未成熟检测器的免疫耐受结果反馈回基因库，动态调整基因的相应参数，提高后续检测器的生成效率；成熟检测器进化为记忆检测器时，进行小幅度(取 0.02)基因变异，以保持有效的检测基因；被删除的检测器则进行大幅度基因变异(取 0.1)，生成新的未成熟检测器，保持检测器的多样性。最后，通过人工干预的方式，注射特定形式的基因(即疫苗)，加强对特定入侵行为的检测和防御能力。

(3)多层检测和响应机制有效提高了系统的检测效率。

模型借鉴了生物免疫的初次和二次应答机制。在检测与防御过程中，与记忆检测器和成熟检测器依次匹配。记忆检测器对于某些入侵模式能够产生二次应答，响应速度快，检测准确性高。记忆检测器无法检测出的入侵行为，则通过成熟检测器来检测。成熟检测器的响应类似初次应答，虽然它的响应速度较慢，但是它能够检测出新的入侵行为。

通过上述理论上的创新，本模型有效地提高了检测率，降低了虚警率，提高了入侵防御系统的检测性能和效率。

9.4　系统仿真实验与分析

为了测试本模型性能，分别用实际数据和仿真数据进行了两组实验。第 1 组实验的实验数据来自局域网收集到的真实数据，第 2 组实验的数据来源于 KDD Cup 1999 入侵检测评估数据[19]。

实验中数据参数的选取[6]：取二进制串抗原 l =128，r =8，选取初始自体集合大小 n =50。每次从网上捕获 100 个 IP 包，取检测率 ε 为 0.7。由于其他系统参数对结果影响很大，经过反复的比较实验，在系统表现稳定的情况下，最终选定了一组参数：θ = 40，λ =7 天，a =2 天，p =12 代，L =2000。

第一组实验的数据来自网络安全实验室的通信数据，通过数据捕获程序获得。该实验室 40 台计算机参与了实验，这些计算机分别对外提供 WWW、FTP、E-mail 等服务，操作系统为 Windows 2003。收集该网络一周的正常网络数据作为训练数据。利用工具模拟对网络进行 smurf、syn flood、teardrop 等攻击，将攻击产生的网络流量与正常的网络流量一起作为测试数据。为了测试当自体、非自体动态变化时，系统的检测率和虚警率，实验时采取每 100 个数据包中夹杂 20 个非自体，其中非自体中有 10 个是刚刚确定的，即以前这种类型的 IP 包被认为是自体，现在被认为是非法的网络行为，例如，紧急关闭其中 10 个端口以停止提供相关服务，以观察检测率 TP(1-漏警率)。同时，采取的方法是每 100 个数据包中夹杂 20 个自体，其中 10 个自体为新近定义，即以前这 10 个 IP 包被认为是不正常的网络行为，但现在被认为它们是正常的。例如，有 10 个网络端口刚被打开以提供的服务，以观察 FP 值。我们进行了多次实验，系统的检测率平均可以达到 96%以上，虚警率可以降低到 3%以内。同时，与 Idid 算法[6] 进行了比较，实验结果如图 9.1 和图 9.2 所示。

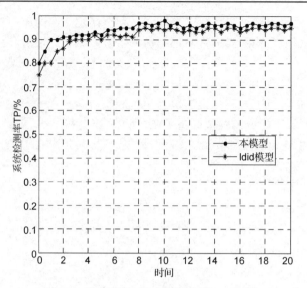

图 9.1　本模型和 Idid 模型检测率 TP 比较

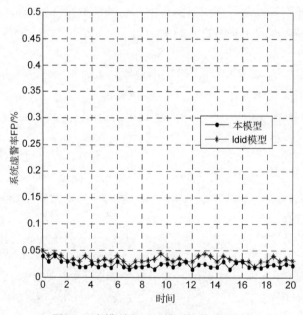

图 9.2　本模型和 Idid 模型虚警 FP 比较

　　通过上面的实验数据可以发现，本书系统的检测率较高，虚警率较低，具有较好的检测性能。主要在于本模型基于动态自体的多代耐受和抗体自适应生成机制及基因引进机制。与 Idid 模型相比，由于本模型采用了基于驱动的检测器进化方法和疫苗注入机制，进一步提高了检测率，降低了虚警率，提高了模型的整体检测性能和效率。

第二组实验使用的数据是 KDDCup1999 入侵检测数据集[19]。在样本库的选择上，采用 KDDCUP99 10%的数据集作为基准数据。我们采用了不包括任何攻击的数据作为训练数据，测试数据集中包含正常数据和攻击数据，攻击数据分为 DoS（拒绝服务攻击）、Probe（扫描与探查）、U2R（未经授权提升权限）、R2L（远端未经授权的访问）4 大类[17]。用 5 个不同的测试数据集（包含攻击类型不同，如 land、spy、perl 等）对系统进行了测试，同样的数据重复进行 5 次实验。实验结果采用 TP 值（检测率）和 FP 值（虚警率）对模型进行评估。实验结果表明，本系统平均 TP 值（检测率）可以达到 96.58%，FP 值（虚警率）平均可以降低到 2.13%。

同时，我们与 3 个开放源代码的 IDS 系统：Snort、Bro、Prelude IDS 进行了比较，共选用 5 个不同的测试数据集进行了测试。各系统的检测率如表 9.1 所示，虚警率如表 9.2 所示。

表 9.1　各系统检测率对比表

测试集	snort	Bro	Prelude IDS	本书模型
1	84.22	87.64	90.47	97.32
2	78.96	80.28	88.38	96.86
3	82.68	86.54	91.32	97.50
4	68.96	70.51	85.09	95.58
5	76.82	75.54	89.96	95.62

表 9.2　各检测器虚警率对比表

测试集	snort	Bro	Prelude IDS	本书模型
1	18.18	10.23	5.48	2.16
2	9.42	8.36	3.91	1.95
3	15.37	10.45	4.56	2.25
4	19.30	12.04	3.40	1.98
5	17.91	10.15	4.28	2.32

从结果可以看出，本模型具有较高的检测率和较低的虚警率，说明本模型具有良好的自学习性和自适应性。

9.5　本章小结

目前，基于免疫的入侵检测模型存在的主要问题有：自体集静态描述；成熟检测器生成代价过大；未成熟检测器生成效率较低等。本书提出了一种新型的入侵防御模型。本模型与已有的模型相比，具有如下创新和优点[20]：①提出了一种基于动态自体库的动态自体耐受、检测器自适应生成动力学方程，与真实网络环境一致，并解决了成熟检测器计算代价过高的问题；②提出了基于基因驱动的检测器进化机制，反馈免疫耐受结果、动态调整基因库的策略，提高了检测器的生成效率和检测能力，提高了系统的检测性能；③多层检测和响应的防御机制有效提高了系统的检测性能；④采用疫苗注射机制，提高了网络中各个主机的入侵防御能力，实现了网络的整体防御能力。实验表明，本书提出的模型与已有模型相比具有更高的检测率和更低的虚警率。

同时，经过适当变换，本书提出的模型还可以应用于病毒检测及垃圾邮件识别等领域。如何进一步优化检测器及入侵防御手段的完善是下一步研究的方向。

参 考 文 献

[1] 莫宏伟, 左兴权. 人工免疫系统. 北京: 科学出版社, 2009.

[2] Hofmeyr S, Forrest S. Architecture for an artificial immune system. Evolutionary Computation, 2000, 8(4): 443-473.

[3] Harmer P K, Williams P D, Gunsch G H, et al. An artificial immune system architecture for computer security applications. IEEE Transactions on Evolutionary Computation, 2002, (3): 252-280.

[4] 闫巧, 江勇, 吴建平. 基于免疫机理的网络入侵检测系统的抗体生成与检测组件. 计算机学报, 2005, 29(9): 1515-1522.

[5] Kim J, Bentley P J. Towards an artificial immune system for network intrusion detection: An investigation of dynamic clonal selection. Congress on Evolutionary Computation(CEC-2002), Honolulu, Piscataway, 2002: 1015-1020.

[6] 李涛. Idid: 一种基于免疫的动态入侵检测模型. 科学通报, 2005, 50(17): 1912-1919.

[7] Liu S J, Li T. Multi-agent network intrusion active defense model based on immune theory. Wuhan University Journal of Natural Sciences, 2007, 12(1): 167-171.

[8] Forrest S, Perelson A S. Self-nonself discrimination in a computer. Proceedings of IEEE Symposium on Security and Privacy, Oakland, 1994: 202-213.

[9] 李涛. 基于免疫的网络监控模型. 计算机学报, 2006, 29(9): 1515-1522.

[10] 何申, 罗文坚, 王煦法. 一种检测器长度可变的非选择算法. 软件学报, 2007, 18(6): 1361-1368.

[11] 刘才铭, 张雁. 多级免疫检测器集在分布式入侵检测中的应用. 电子科技大学学报, 2007, 36(6): 1179-1182.

[12] Timmis J, Andrews P, Owens N, et al. An interdisciplinary perspective on artificial immune systems. Evolutionary Intelligence, 2008, 1: 5-26.

[13] 曾金全, 赵辉. 受免疫原理启发的 Web 攻击检测方法. 电子科技大学学报, 2007, 36(6): 1215-1218.

[14] Kim J, Bentley P J, Aickelin U, et al. Immune system approaches to intrusion detection: A review. Natural Computing, 2007, 6(4): 41-66.

[15] 罗文坚, 曹先彬, 王煦法. 检测器自适应生成算法研究. 自动化学报, 2007, 31(6): 907-916.

[16] Dasgupta D. Advances in artificial immune system. IEEE Computational Intelligence Magazine, 2008, 1(4): 4-9.

[17] 程永新, 许家珆, 陈科. 一种新型入侵检测模型及其检测器生成算法. 电子科技大学学报, 2007, 35(2): 235-238.

[18] Kim J, Bentley P J. Immune memory and gene library evolution in dynamical clone selection algorithm. Journal of Genetic Programming and Evolvable Machines, 2008, 5(4): 361-391.

[19] KDDLib. http: //kdd. ics. uci. edu/databases/kddcup99.

[20] 柴争义, 刘芳. 新型智能入侵防御模型. 华中科技大学学报, 2010, 38(1): 22-24.

第 10 章　基于危险理论的网络风险感知模型

10.1　概　　述

随着网络的广泛应用，网络安全问题也日益突出。目前所有的安全防御手段都无法保证网络的绝对安全。因此，对网络当前的安全风险进行感知(检测和评估)，进而采取相应的安全防范措施，以提升网络的生存能力就非常重要。

目前，已有的网络风险感知模型中，CRAMM、COBRA、OCTAVE 等属于静态方法[1]，它们可以对网络长期所处的风险状态进行粗略评估，但无法实时检测网络正在遭受的攻击，缺少自适应性。文献[2]提出了一种介于静态评估和实时评估的网络安全风险检测方法，但无法正确识别网络面临攻击但还未被攻破时的风险；文献[3]~[6]分别使用概率统计、层次分析法、模糊集理论、HMM 等方法对网络的风险进行实时评估，具有动态和直观的优点，但缺乏对未知攻击的辨别能力；文献[7]提出了基于人工免疫理论的实时风险检测方法，但由于是建立在传统的自体与非自体区别上，导致风险检测虚警率较高；文献[8]给出了基于危险信号的网络风险评估模型，但较为粗糙，缺少危险信号的定量计算。

基于此，本书提出了一种基于危险理论和抗体浓度的网络安全风险实时、定量的检测和评估模型。本模型的任务描述为：如何保证网络免受入侵及准确检测出入侵行为；当受到入侵后如何评价主机及网络所处的安全风险，以便积极采取相应的主动防御措施，避免网络攻击造成的危害。

10.2　理论基础和设计思想

生物免疫系统通过分布在全身的抗体(免疫细胞)识别和清除侵入生物体的抗原(自体和非自体)。当抗体识别超过一定数量的抗原后，将会克隆增扩，该抗体浓度急剧增加；当抗原消除后抗体将会受到抑制，抗体浓度降低，使免疫系统趋于稳定[9]。正常的情况下，生物体的各种抗体的浓度应该基本上是不变的，因此可以通过测量各种类型抗体的浓度来判断生物体是否得病及严重程度。引入到网络安全领域，通过适当的映射关系和问题描述，就可以通过抗体浓度来评价网络的安全风险。

危险理论[10]认为并不是所有外来抗原都会引起免疫响应，免疫系统只对危险的非己反应。同样，在网络安全中，并非所有的入侵都会对网络造成危险。例如，有些针对主机某些固定端口的攻击，从自体、非自体的角度看，属于网络攻击行为(非自体)，但实际上，如果主机并没有开放此端口的话，对主机就是安全的，可以不必进行响应。因此，基于危险信号进行响应，更能真实体现网络面临的安全风险。

依据危险理论的解释，抗原死亡有两种方式[11]：凋亡（apoptosis）与坏死（necrosis）。在本书的入侵检测中，网络行为正常结束隐喻为抗原凋亡，网络行为的非正常结束隐喻为抗原坏死。相应地，抗原凋亡产生抑制信号抑制抗体产生，而抗原坏死产生增强信号激励抗体产生。因此，通过对抗体克隆和危险信号的分析可知，抗体浓度的大小可以表示网络的风险强弱和危险程度。

本模型的具体工作流程为：对网络入侵行为进行检测并对攻击进行分类；按照危险理论，根据抗体浓度和攻击强度的对应关系，计算出主机面临每种攻击的危险程度及主机面临所有攻击的危险程度，进而给出网络面临每一种攻击及所有攻击的风险等级。

本模型由入侵检测和风险评估两部分组成。

10.3　网络入侵检测具体实现

入侵检测模型中检测网络行为是正常行为还是网络攻击的过程隐喻为生物免疫中抗体识别并判断抗原是自体/非自体的过程。为了更客观和准确评估网络风险，检测子系统应具有高的检测率和低的虚警率。在真实环境中，正常网络行为（自体）往往是动态变化的，因此相应的自体耐受、抗体检测过程都是动态的。下面分别给出抗原（自体、非自体）和抗体（未成熟抗体、成熟抗体、记忆抗体）的形式化描述和动力学方程。

10.3.1　抗原形式化描述及变化方程

定义抗原集合 $\mathrm{Ag} \subset D$，$D = \{0,1\}^l$（$l > 0$），其中 Ag 表示对网络上传输的 IP 包进行特征提取得到的长度为 l 的二进制字符串。定义自体集合 $\mathrm{Self} \subset \mathrm{Ag}$，非自体集合 $\mathrm{Nonself} \subset \mathrm{Ag}$，则有 $\mathrm{Self} \bigcup \mathrm{Nonself} = \mathrm{Ag}$，$\mathrm{Self} \bigcap \mathrm{Nonself} = \phi$。Self 集为正常网络行为，Nonself 集为网络攻击行为。

定义自体的动力学方程为

$$\mathrm{Self}(t) = \mathrm{Self}(t-1) - \mathrm{Self}_{\mathrm{dead}}(t) - \mathrm{Self}_{\mathrm{variation}}(t) + \mathrm{Self}_{\mathrm{new}}(t)$$

式中，$\mathrm{Self}_{\mathrm{variation}}$ 表示发生了发生变异的自体（由自体变为非自体）；$\mathrm{Self}_{\mathrm{new}}$ 表示新增加的自体元素；$\mathrm{Self}_{\mathrm{dead}}$ 表示当自体集合大小超过阈值 L 时淘汰掉的一部分自体元素。本书中，设置 L 主要是确保自体耐受高效进行，淘汰可按 LRU（最久未使用）的原则。

10.3.2　抗体形式化描述及变化

定义抗体集合 B 为一个四元组：

$$B = \{< d, \rho, \mathrm{age}, \mathrm{count} >\ |\ d \in D \wedge \rho \in \mathbf{R} \wedge \mathrm{age} \in \mathbf{N} \wedge \mathrm{count} \in \mathbf{N}\}$$

式中，d 为抗体(长度为 l 的二进制字符串)，ρ 为抗体浓度，age 为抗体年龄，count 为抗体的累计亲和力数目，**R** 为实数集合，**N** 为自然数集合。

抗体分为未成熟抗体、成熟抗体、记忆抗体，分别用 I_b、T_b、M_b 表示。免疫检测抗体集合 $B = M_b \cup T_b$。

定义

$$I_b = \{<d, age > \mid d \in D, age \in \mathbf{N}\}$$

定义 T_b 由在一定时间内(age)经过自体耐受的未成熟免疫抗体 I_b 组成。定义自体耐受过程如下：

$$f_{\text{tolerance}}(I_b) = I_b - \{x \mid x \in I_b \wedge \exists y \in \text{Self} \wedge f_{\text{match}}(x, y) = 1\}$$

式中，f_{match} 函数定义如式(10.1)所示，1 表示匹配，0 表示不匹配。本书采用了一种可变阈值模糊 r 匹配算法[11]，通过调整匹配阈值，大幅度降低了黑洞数量，减小了检测器的时间耗费，提高了检测率和性能。

$$f_{\text{match}}(x, y) = \begin{cases} 1, & \left. \begin{array}{l} f \exists i, j(x.d_i = y_i, x.d_{i+1} = y_{i+1}, \cdots, x.d_j = y_j, \\ j - i \geqslant r, 0 < i < j \leqslant l, i, j, r \in \mathbf{N}) \end{array} \right\} \\ 0, & \text{其他} \end{cases} \tag{10.1}$$

定义记忆抗体 M_b 由成熟抗体 T_b 在生命周期 λ 内累积亲和力超过阈值 β 进化而来。如式(10.2)所示。

$$M_b = \{x \mid x \in B \wedge x.count \geqslant \theta \wedge x.age \leqslant \lambda\} \tag{10.2}$$

10.3.3　未成熟抗体的动力学方程

在已有相关算法中[7-9]，未成熟抗体的生成采用随机产生。这样虽然保证了抗体的多样性，但存在较多冗余，效率也不高。本书中，未成熟抗体的生成采用一部分完全随机产生，确保抗体的多样性，另一部分由基因库组合、串联生成的方法生成，提高了其成为成熟检测器的可能性和生成效率，并具有检测入侵变种的能力。

未成熟抗体的生成方程为

$$I_{\text{new}}(t) = \text{Random}(\text{Ag}) + \text{Random}\left(\text{Gene}(t)\right)$$

定义基因库的动力学方程为

$$\text{Gene}(t) = \text{Gene}(t-1) - \text{Gene}_{\text{dead}}(t) + \text{Gene}_{\text{new}}(t)$$

式中，$\text{Gene}_{\text{dead}}(t)$ 为 t 时刻发生错误肯定(虚警)的记忆细胞基因。定义 $\text{Gene}_{\text{new}}(t)$ 为 t 时刻抗体初次应答时抗体克隆体的基因。

在实际应用中，对于各种新出现的入侵手段，提取相关疫苗[12]，可更好地控制检测器的进化方向，提高系统的整体检测和防御性能。

未成熟抗体经过自体耐受进化为成熟抗体。由于自体 Self 是动态的，所以耐受过程也是动态的。定义自体耐受动力学方程为

$$I_b(t) = I_{\text{tolerance}}(t) - I_{\text{maturation}}(t) + I_{\text{new}}(t)$$

式中，$I_{\text{tolerance}}(t)$ 为上一阶段的自体 self$(t-1)$ 经历一次耐受后剩下的免疫细胞；$I_{\text{maturation}}(t)$ 为 t 时刻已经成熟的免疫抗体；$I_{\text{new}}(t)$ 为 t 时刻新生成的未成熟免抗体。

10.3.4　成熟抗体动力学方程

成熟抗体集合 T_b 的动力学方程为

$$T_b(t) = T_b(t-1) + T_{\text{new}}(t) - (T_{\text{active}}(t) + T_{\text{dead}}(t))$$

式中

$$T_{\text{new}}(t) = I_{\text{maturation}}(t) + T_{\text{clone}}(t)$$

$$T_{\text{active}} = \{x \,|\, x \in T_b \wedge x.\text{count} \geqslant \theta \wedge x.\text{age} \leqslant \lambda\}$$

$$T_{\text{dead}} = \{x \,|\, x \in T_b \wedge x.\text{count} < \theta \wedge x.\text{age} > \lambda\}$$

式中，$T_{\text{new}}(t)$ 为 t 时刻新生成的抗体，$I_{\text{maturation}}(t)$ 为 t 时刻新进化产生的成熟抗体，$T_{\text{clone}}(t)$ 为细胞克隆新产生出的免疫抗体，对抗原进行初次应答；成熟抗体的克隆变异采用随机变异，保证免疫系统的多样性[13]。T_{active} 表示激活为记忆抗体的成熟抗体，T_{dead} 表示年龄超过生命周期 λ 而匹配抗原数目未达到激活阈值的成熟抗体。

10.3.5　记忆抗体动力学方程

记忆抗体集合 M_b 动力学方程定义为

$$M_b(t) = M_b(t-1) + M_{\text{new}}(t) + M_{\text{other}}(t) - M_{\text{dead}}(t)$$

式中

$$M_{\text{new}}(t) = T_{\text{active}}(t) + M_{\text{clone}}(t)$$

$$M_{\text{clone}}(t) = \{x \,|\, x \in T_b(t-1), \exists y \in \text{Ag}(t-1) f_{\text{match}}(x,y) = 1\}$$

即 $M_{\text{new}}(t)$ 由成熟抗体进化而来和克隆选择产生；$M_{\text{death}}(t)$ 是匹配了自体的记忆细胞；$M_{\text{other}}(t)$ 指从其他主机接受的免疫记忆抗体，类似于疫苗接种过程，对抗原进行二次应答。本书中，记忆抗体的克隆变异采用可控变异[14,15]，保证对网络当前流行入侵的快速识别能力。

10.3.6　入侵检测性能分析

本书的入侵检测子系统的主要优点如下：①定义了自体的动态变化方程，很好地满足了真实网络环境下正常网络行为和入侵行为往往是动态变化这一情况，有效降低了漏警率和虚警率；②动态耐受过程中，通过设定自体集合大小，保证了耐受工作高效进行；③在未成熟抗体的生成中，采用了随机生成和抗体基因库结合的生成方法，既保证了抗体的多样性，又提高了其成为成熟检测器的可能性和生成效率；④成熟抗体和记忆抗体的死亡确保了免疫细胞的多样性,保证了其对抗原空间的持续搜索能力,淘汰机制进一步降低了系统虚警率和漏警率;⑤疫苗接种和分发机制提高了网络主动检测类似抗原攻击的能力及检测的准确性和预见性;记忆抗体的克隆变异采用可控变异,保证对网络当前流行入侵的快速识别能力;⑥抗原抗体的匹配采用可变阈值模糊 r 匹配算法,大幅度降低了黑洞数量,减小了检测器的时间耗费,提高了检测率和性能。

10.4　网络风险评估具体实现

10.4.1　抗体浓度计算

对检测到的攻击行为,按照血亲分类[16]。攻击的种类以血亲类为标志,把抗原攻击集合划分为 $A = \{A_1, A_2, A_3, \cdots, A_n\}$,每个子集 $A_i(1 \leq i \leq n)$ 刺激产生相应抗体。各子集 A_i 的组成定义如下:

$$A_i(t) = A_i \_ \text{new}(t) + A_i \_ \text{necro}(t) - A_i \_ \text{apopt}(t)$$

式中, $A_i \_ \text{new}(t)$ 是在 t 时刻新加入的抗原; $A_i \_ \text{necro}(t)$ 是在 t 时刻以坏死方式死亡的抗原,它对抗体浓度产生增强作用; $A_i \_ \text{apopt}(t)$ 是在 t 时刻以凋亡方式死亡的抗原,它将对抗体浓度产生抑制作用。

能检测出第 A_i 类攻击(抗原)的抗体 Ab_i 的浓度 $\rho_{Ab_i}(t)$ 定义如下:

$$\rho_{Ab_i}(t) = k_1 \sum_{i=1}^{n_1} \text{new}(t) + k_2 \sum_{i=1}^{n_2} \text{necro}(t) - k_3 \sum_{i=1}^{n_3} \text{apopt}(t)$$

式中, $\sum_{i=1}^{n_1} \text{new}(t)$ 、 $\sum_{i=1}^{n_2} \text{necro}(t)$ 、 $\sum_{i=1}^{n_3} \text{apopt}(t)$ 分别表示 n_1 个 $A_i \_ \text{new}(t)$ 、 n_2 个 $A_i \_ \text{necro}(t)$ 、 n_3 个 $A_i \_ \text{apopt}(t)$ 对抗体浓度的影响值; k_1 、 k_2 、 k_3 分别为影响因子。

定义抗体 Ab_i 激活后被克隆的数目为: $N_{\text{clone}}(Ab_i) = \left\lceil K \left(1 - \dfrac{\text{Num}}{|B_{(t-1)}|}\right) \right\rceil$,其中 K 为比例系数, Num 为与抗体 Ab_i 具有相同基因的抗体的数目(血亲分类); $B_{(t-1)} = T_b(t-1) \cup M_b(t-1)$ 。

10.4.2　风险定量计算

设网络中共有 n 台计算机,由于不同类型的攻击其危害性不相同,同时每台主机在网络中的重要性也有所不同。所以,在评估主机 $j(1 \leq j \leq n)$ 具体面临的风险时,必须综合考虑每类攻击的危害性以及每台主机的重要性。

设主机 j 在 t 时刻所面临的危险风险为 $\text{dr}_j(t)$(degree of risk) $(0 \leq \text{dr}_j(t) \leq 1)$,其值

越大，表明主机面临的风险越高。根据前面的分析可知，$dr_j(t)$ 的计算可以通过 $\rho_{Ab_i}(t)$ 得到。设 cr_i (coeffcient of risk) 表示主机 j 遭受到攻击 A_i 的危险系数。

定义主机 j 在 t 时刻面临第 A_i 类攻击的安全风险为

$$dr_{j(t)}^i = \left(1 - \frac{1}{1 + e^{-cr_i \cdot \rho_{Ab_i}(t)}}\right)$$

定义主机 j 在 t 时刻面临的整体安全风险为

$$dr_{j(t)} = \left(1 - \frac{1}{1 + e^{-\sum_{i=1}^{n} cr_i \cdot \rho_{Ab_i}(t)}}\right)$$

设 $\phi_j (o \leq \phi_j \leq 1)$ 为主机 j 在网络中的重要性。设网络 t 时刻面临攻击 A_i 的危险风险记为 $NR_{i(t)}$ (network risk)，定义

$$NR_{i(t)} = \left(1 - \frac{1}{1 + e^{\left(-cr_i \cdot \rho_{Ab_i}(t) \cdot \sum_{j=1}^{n} \phi_j\right)}}\right)$$

定义整个网络系统的整体安全风险为

$$NR_{(t)} = \left(1 - \frac{1}{1 + e^{\sum_{j=1}^{n} \phi_j \cdot \left(-\sum_{i=1}^{n}(-cr_i \cdot \rho_{Ab_i}(t))\right)}}\right)$$

10.5 系统仿真实验与分析

实验在网络实验室进行，利用本模型对对网络中的 20 台主机进行监控并评估。被监控网络分别对外提供 WWW、FTP、E-mail 等服务，操作系统为 Windows 2003。入侵实验使用的数据是 KDDCup99 入侵检测数据集 kddcup.data-10-per-cent[17]。本书采用了不包括任何攻击的数据作为训练数据，测试数据集中包含有小部分训练集中未出现的样本。用 5 个不同的测试数据集(包含攻击类型不同，如 land、spy、perl 等)对系统进行了测试，同样的数据重复进行 5 次实验。实验结果采用 TP 值(检测率)和 FP 值(虚警率)对模型进行评估。由于系统参数对结果影响很大，经过反复的比较实验，在系统表现稳定的情况下，最终选定了一组参数：r 可变阈值范围从 13~20，l=128，θ=40，λ=7 天，L=2000，克隆选择系数 k=1，抗体浓度的影响因子 k_1、k_2、k_3 分别设为 0.8、1.2、0.5。实验结果表明，本系统平均 TP 值(检测率)可以达到 96.58%，FP 值(虚警率)平均可以降低到 2.13%，具有很好的检测性能。

　　在检测出攻击后，对主机及网络所面临的风险进行评估。在实验中，对 WEB 服务器、FTP 服务器、E-mail 3 台服务器进行监控并评估，其对应的重要性分别为 0.9、0.7、0.5；实验中采用了 flood、land、teardrop 等多种攻击，其危险性分别设为 0.8、0.6、0.4。

　　本模型与 insre 模型[7]对风险的检测结果如图所示。图 10.1 分别表示 FTP 服务器遭受综合攻击时，攻击强度实际变化曲线与风险检测模型检测计算到的风险变化曲线对比图；图 10.2 表示整个网络面临综合攻击时的实际攻击强度与风险模型检测的风险变化对比图。

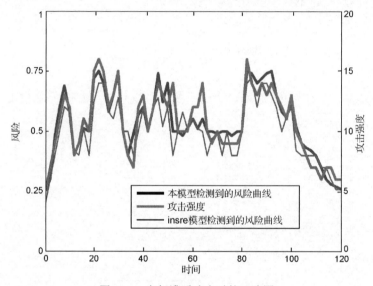

图 10.1　主机遭受攻击时的风险图

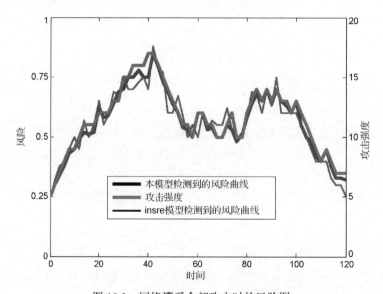

图 10.2　网络遭受全部攻击时的风险图

从图 10.1 和图 10.2 可以看出，随着网络攻击强度的增加，其相应的安全风险也迅速跟着上升；当攻击强度下降时，其相应的安全风险也降低，但下降的斜率相对攻击强度下降的斜率要小。这与真实网络环境一致：当某一攻击在短时间内再次发生时，网络仍可保持较高的敏感度。

与传统基于免疫的网络安全风险检测方法相比[7]，由于危险信号的引入，排除了一些对网络无危险的攻击，更能精确检测判断网络遭受攻击的风险。从图 10.1 和图 10.2 中也可以看出，本模型更能真实反映网路面临的安全风险。

10.6　本 章 小 结

本书借鉴免疫危险理论，利用抗体浓度，设计了一种网络安全风险实时检测系统，为主动积极地调整当前网络安全防御策略提供了直接的技术支持[18]。书中模拟真实网络环境中的自体动态变化，给出了自体、抗体的动态演化机制，风险检测和评估的定量计算；提出了随机生成和基因库相结合的未成熟抗体的生成机制，并引入了可控变异、疫苗接种和分发机制提高了网络主动检测能力。相比传统模型，该模型可以高效检测出网络攻击，并能实时、定量地计算和评估网络以及网络中主机面临每一类网络攻击的风险及整体综合风险，并能检测出未知攻击。本模型能准确地评判网络面临攻击但还未被攻破时的风险情况，为避免严重的攻击事件发生提供了充分和可靠的依据。

同时，该模型经过适当变换，还可以应用于病毒检测及垃圾邮件识别等相关领域。如何进一步优化抗体浓度表示及风险计算中的各个参数，是本书下一步继续研究的方向。

参 考 文 献

[1] Visintine V. An introduction to information risk assessment. SANS Institute Journal, 2003, 8 (5): 101-118.

[2] Chu C K, Chu M. An integrated framework for the assessment of network operations, reliability and security. Bell Labs Technical Journal, 2004, 8 (4): 133-152.

[3] 陈秀真, 郑庆华, 管晓宏, 等. 层次化网络安全威胁态势量化评估方法. 软件学报, 2006, 17 (4): 885-897.

[4] 张永铮, 方滨兴, 迟悦. 用于评估网络信息系统的风险传播模型. 软件学报, 2007, 18 (1): 137-145.

[5] 韦勇, 连一峰. 基于日志审计与性能修正算法的网络安全态势评估模型. 计算机学报, 2009, 32 (4): 763-772.

[6] 李伟明, 雷杰, 董静, 等. 一种优化的实时网络安全风险量化方法. 计算机学报, 2009, 32 (4): 793-804.

[7] Li T. An immunity based network security risk estimation. Science China: Information Sciences, 2005, 48 (5): 557-578.

[8] 彭凌西, 陈月峰. 基于危险理论的网络风险评估模型. 电子科技大学学报, 2007, 36 (6): 1998-2001.

[9] Glickman M, Balthrop J, Forrest S. A machine learning evaluation of an artificial immune system. Evolutionary Computation, 2008, 13 (2): 179-212.

[10] Matzinger P. The danger model: A renewed sense of self. Science, 2004, 296 (5566): 301-305.

[11] 张衡, 吴礼发, 张毓森. 一种 r 可变阴性选择算法及其仿真分析. 计算机学报, 2007, 28 (10): 1614-1619.

[12] Ji Z, Dasgupta D. Revisiting negative selection algorithm. Evolutionary Computation Journal, 2007, 15 (2):123-139.

[13] Dasgupta D. Advances in artificial immune system. IEEE Computational Intelligence Magazine, 2008, 11 (4):4-9.

[14] Kim J, Bentley P J. Immune memory and gene library evolution in dynamical clone selection algorithm. Journal of Genetic Programming and Evolvable Machines, 2008, 5 (4):361-391.

[15] 严宣辉. 应用疫苗接种策略的免疫入侵检测模型. 电子学报, 2009, 37 (4): 780-785.

[16] 李涛. 基于免疫的计算机病毒动态检测模型. 中国科学 F 辑: 信息科学, 2009, 39 (4): 422-430.

[17] University of California. KDDLib. http://kdd.ics.uci.edu/databases/kddcup99. html.

[18] 柴争义, 刘芳. 应用危险理论的网络安全风险感知模型. 北京邮电大学学报, 2010, 33 (3): 40-43.

第 11 章　网络安全风险评估的云模型实现

11.1　概　　述

目前，网络安全事件层出不穷，网络安全问题日益严峻。但对于所有的网络安全防御措施而言，都无法保证网络的绝对安全。因此，对网络当前所面临的安全风险进行实时感知和分析评估(如危险程度大小)，进而采取相应的防范措施就非常重要。目前，已有的网络风险评估模型中，CRAMM、COBRA、OCTAVE、Attack Surface、攻击图等属于静态方法[1]，它们可以对网络长期所处的风险状态进行粗略评估，但无法实时检测网络正在遭受的攻击，缺少自适应性。动态网络风险评估方面，文献[2]提出了基于主机的实时风险评估；文献[3]提出了使用网络节点关联性的分析方法；文献[4]提出了基于 HMM 的实时网络安全风险量化方法；文献[5]提出了基于人工免疫的风险检测和评估方法；文献[6]使用云模型对内部威胁进行感知；文献[7]～[13]分别使用层次分析法、信息熵、核函数、SVM、粗糙集、概率风险分析法、模糊集合分析法等智能方法对网络风险进行评估。

网络入侵具有随机性，而对网络风险的评估一般用自然语言来描述(如危险、安全)，具有一定的模糊性，并且随机性和模糊性之间具有一定的关联。此外，网络风险程度是定性概念，而引起网络风险变化的各个参数的值是定量的。典型的网络风险评估方法中，多是单一的从定性(定量)角度去分析[1-5]，或者分别从随机性和模糊性的角度去分析网络风险[7-13]，因此导致评估结果不够客观。云模型把模糊性和随机性及二者的关联性有效集成在一起，构成定性和定量相互间的转换。基于此，本书提出了一种基于云模型的网络风险评估方法。用云模型从多角度将网络入侵的定性、定量特征融合分析并进行决策，同时兼顾网络风险的模糊性和随机性的特点，提高了入侵风险评估的准确性和客观性，为采取适当的安全防范措施提供了参考。

11.2　理论基础和设计思想

11.2.1　云模型的再理解

云模型是李德毅院士提出的一种定性定量转换模型[14]，能够实现用语言值表示的某个定性概念与其定量(数值)表示之间的不确定转换。它主要反映知识中概念的两种不确定性：模糊性和随机性以及二者之间的关联性。

云模型云由许许多多云滴组成，云的整体形状反映了定性概念的重要特性。云的数字特征用期望值 Ex（expected value）、熵 En（entropy）、超熵 He（hyper entropy）三个数值特征来表示，记作 $C(Ex, En, He)$，称为云的特征向量。它们反映了定性知识的定量特性。期望 Ex 反映了相应的定性知识的信息中心值。熵 En 是定性概念随机性的度量，反映了能够代表这个定性概念的云滴的离散程度。超熵 He 是熵 En 的熵，反映了云的离散程度。超熵的大小间接地反映了云的厚度，即确定度的不确定性。He 越小，说明随机性越小。经统计分析，对于论域 U 中定性概念 C 有贡献的云滴（占 99.74%）主要落在区间 $[Ex-3En, Ex+3En]$，因此这个区间以外的云滴对定性概念的贡献可以忽略[14]。

云模型中通过正向云发生器把定性概念的整体特征变换为定量数值表示，实现概念空间到数值空间的转换。也就是由云的数字特征产生云滴的具体实现。通过逆向云发生器完成从定量值到定性概念的转换，将一组定量数据转换为以数字特征（Ex, En, He）来表示的定性概念，即由云滴群得到云的数字特征的过程。

11.2.2　设计思想和基本任务

当主机遭受到攻击时，其主要性能指标（如 CPU 占用率、内存占用率）必然会发生异常变化，这些变化的幅度决定了网络风险大小。因此，可以根据系统主要指标的变化来确定网络面临的风险程度。网络入侵的发生具有很大的随机性，而对网络入侵风险的评估多采用自然语言来描述，这导致风险评估结果又具有一定的模糊性。同时，在遭受到入侵时候，各参数之间的变化是相互关联的（例如，CPU 占用率的提高往往跟内存占用率有关系）。总之，网络风险程度是定性概念，而引起网络风险的变化的各个参数的值是定量的。因此，必须实现定量定性之间的转换，以及考虑模糊性和随机性的关联，才能更准确地评估风险。云模型把定性概念的模糊性和随机性及二者的关联性有效集成在一起，构成定性和定量相互间的转换。正态云模型使用超熵 He 衡量偏离正态分布的程度，将正态分布扩展为"泛正态"[15]。本书中系统参数的变化满足"泛正态"的条件（各因素相互之间可以不完全独立），因此，本书将每个系统变量作为云滴的一维，采用多维正态云模型描述多个系统参数及其变化之间的关联性，从而对网络风险进行评估决策。

本模型的基本任务为：根据系统当前性能指标的状态值，依据设计的云决策发生器，输出系统的危险级别。具体思想和实现过程如下：①确定出能够影响系统性能的主要指标并形式化；②设置系统的状态为（不正常、不太正常、基本正常、正常），相应的风险评估结果为（高、较高、一般、低）。对相应危险级别的系统资源变量进行采样，利用逆向正态云算法计算相应级别的标准概念云。③定量输入处理。根据云相似度算法，对于某一时刻的输入，输出系统的危险程度（高、较高、一般、低）。

11.3　关键技术与实现

根据设计思想，本模型实现的关键技术包括：如何选择性能指标判断网络发生异常的可能性大小，并将其形式化；如何构造逆向云发生器，完成定量到定性的转换；以及云相似度的度量。下面详细介绍。

定义 1　风险评估模型为 $W = (F, V, E)$，其中，F、V、E 分别代表因素集、权重集、评价集。因素集 $F = (F_1, F_2, \cdots, F_n)$ 分别代表影响网络风险评估值的 n 个因素，如 CPU 占用率、内存占用率、进程响应时间等。权重集 $V = (V_1, V_2, \cdots, V_n)$ 代表各因素所占的权重，且 $V_1 + V_2 + \cdots + V_n = 1$，$V_i > 0 (1 \leqslant i \leqslant n)$；风险结果评判集设为 $E = ($高、较高、一般、低$)$。

11.3.1　系统变量云

定义 2　定义系统变量云为：$\text{Cloud} = (S, T, En, Ex, He)$，其中 S 代表被监视的系统资源变量集合，T 为采样时间间隔。设 $S = (C, M, P, L, W, F, \cdots)$，$C$ 代表 CPU 占用率，M 代表内存占用率，P 代表进程响应时间，L 代表连接个数与状态，W 代表带宽，F 代表流量参数等。只凭借一个性能指标的异常变化无法准确判断网络发生入侵的可能性。因此，本模型综合考虑各个性能指标的异常变化。过多的参数采样导致问题过于复杂，本书中主要采用内存占用率和 CPU 占用率，其他类似。

11.3.2　云发生器的构造

云发生器的构造需要先验知识。虽然网络入侵的出现具有不确定性和难以预知性，但正常状态(安全状态)是确定的，同时某些已知的入侵发生时系统的状态也是可得的，因此可以获得安全状态下的系统参数和已知的入侵状态下的系统参数。然后利用云模型将定量特征转换为定性概念这一特点，得到其数字特征和标准概念云。

(1)正常状态的概念云构造。

在网络正常运行状态下，采用滑动窗口的方式[6]，选取时间间隔 T，对系统参数进行连续采样，获取 h 个样本点作为正常状态样本点，将样本点的各维(即各系统参数)规格化到[0,1](这里尽可能多地进行采样，以便结果更加准确)。这样，h 个样本点在空间中的分布就构成一个云。由于网络入侵评估中，只能得到采样到的一组数据值，而确定性度(前面提到的 μ)很难获得，所以，本书提出一种改进的未知确定度的逆向云发生器算法(算法 1)，用此算法求出此云的数字特征，然后采用正向云生成算法，得到该正常概念云。下面以内存采样数据为例进行算法描述。其他系统参数的采样计算类似。

算法 1　　改进的逆向云发生器算法。

输入：样本点 M_i ，其中 $i = 1, 2, 3, \cdots, n$ ； M_i 指的是所采集的内存在不同的情况下的 n 个数据。

输出：反映内存占用率的数字特征 (Ex, En, He) 。

算法步骤。

① 根据 M_i 计算其样本均值 $\overline{M} = \dfrac{1}{n} \sum\limits_{i=1}^{n} M_i$ ，样本方差 $s^2 = \dfrac{1}{n-1} \sum\limits_{i=1}^{n} (M_i - \overline{M})^2$ 。

② $\overline{Ex} = \overline{M}$ 。

③ $\overline{En} = \left(\overline{M}^2 - \dfrac{s^2}{2} \right)^{\frac{1}{4}}$ 。

④ $\overline{He} = \left(\overline{M} - \left(\overline{M}^2 - \dfrac{s^2}{2} \right)^{\frac{1}{2}} \right)^{\frac{1}{2}}$ 。

⑤ 输出 (Ex, En, He) 作为 (Ex, En, He) 的估计值。

该算法改善了原来逆向云算法[14]，当超熵 He 相对于熵 En 偏大时，算法对熵和超熵的点估计误差较大的问题，并且该算法相对简单，精度也比较高。

可以看出，算法使用计算结果的估计值 (Ex, En, He) 作为数字特征 (Ex, En, He) 的最终输出。由于 (Ex, En, He) 是随机变量，不出现误差基本是不可能的。所以要求估算结果偏差尽可能小。本书使用估计量均方差来反映其在真值附近波动大小的程度。为了更具一般性，下面的证明用 X 把算法 1 中的 M 一般化。

证明如下。

① 设 $(X_1, X_2, \cdots, X_n)$ 是总体 X 的样本，由于 $E(X) = Ex$ ，则有

$$E(\overline{X}) = E\left(\frac{X_1 + X_2 + \cdots + X_N}{N} \right) = Ex$$

所以 $\overline{Ex} = \overline{X}$ 是 Ex 的无偏估计。

② 根据 $E(X) = En_2 + He_2$ ， $D(X) = 4En^2 He^2 + 2He^4$ 。

结合计算出的样本均值和方差(算法 1 中)，即可得到

$$\overline{En} = \left(\overline{M}^2 - \frac{s^2}{2} \right)^{\frac{1}{4}}, \quad \overline{He} = \left(\overline{M} - \left(\overline{M}^2 - \frac{s^2}{2} \right)^{\frac{1}{2}} \right)^{\frac{1}{2}}$$

故有 $\overline{En}$ 、 $\overline{He}$ 分别是 En 、 He 的渐近正态无偏估计[16]。因此，得到本算法的估计值 (Ex, En, He) 。

逆向云算法的精度与 He / En 的大小有很大关系：当其值较大时，误差较大。在原

算法中，$\overline{En}$ 的估计主要是依靠 En_i' 的绝对值，而 En_i' 为负值的概率随 He/En 增加而变大，因此，当 He/En 大于某一阈值时候（实验证明为 0.8），该算法对 En、He 估计的均方差明显增大。

在新算法中，$\overline{En}=\left(\overline{X}^2-\dfrac{s^2}{2}\right)^{\frac{1}{4}}$，并且 $\overline{X}^2-\dfrac{s^2}{2}$ 是 $[E(X)]^2-\dfrac{D(X)}{2}$ 的相合估计[16]故

$$[E(x)]^2-\frac{D(X)}{2}=En^4>0$$

从而有

$$\exists\varepsilon=\frac{En^4}{2}>0$$

保证

$$P\left(\left|\overline{X}^2-\frac{s^2}{2}-En^4\right|\leqslant\frac{En^4}{2}\right)\to 1(N\to\infty)$$

即 $\overline{En}$ 将以接近 1 的概率大于 0。

通过设置 He/En 的值分别为从 0.1～0.8，重复进行 10 次实验，结果表明，随着 He/En 的值增大，本算法对数字特征点估计的均方差明显较小，估计准确度和精度均较高。表 11.1 为 (Ex,En,He) 为 $(0.1,0.8)$ 时候的估计结果比较。理论分析和实验结果表明了改进算法的优越性。

表 11.1　两种算法云数字特征估计值比较

数字特征		原算法	本算法
$\widetilde{Ex}$	平均值	0.097	0.100
	均方差	0.012	0.000
$\widetilde{En}$	平均值	1.052	1.001
	均方差	0.003	0.001
$\widetilde{He}$	平均值	0.736	0.815
	均方差	0.007	0.002

通过算法 1 得到正常状态的 (Ex,En,He) 后，使用正向正态云生成算法（算法 2）生成正常云概念图。

算法 2　正向正态云生成算法。

输入：正常状态下内存占用率的数字特征 (Ex,En,He)，生成云滴的个数 n。

输出：n 个云滴 x 及其隶属于正常概念云的确定度 μ（也可以表示为 $\mathrm{drop}(x_i,\mu_i),i=1,2,\cdots,n$）

算法步骤。

① 生成一个以 En 为期望值，以 He^2 为方差的一个正态随机数 En_i'。

② 生成一个以 Ex 为期望值，以 $En_i'^2$ 为方差的一个正态随机数 x_i。

③ 计算 $\mu_i = e^{-\frac{(x_i - Ex)^2}{2En_i'^2}}$ $(En_i' \neq 0)$，则 μ_i 为隶属于内存正常概念云的 x_i 确定度。当 $En_i' = 0$ 时，$x_i = Ex$，$\mu_i = 1$。(x_i, μ_i) 反映了定量到定性的转换。

④ 重复步骤①~③，直至产生要求的 n 个云滴为止。

通过算法 1 和算法 2，就可以得到表示正常概念的状态云。

(2)其他状态的概念云生成关键技术。

其他概念云的定义，本书采用实际数据采集与估算相结合的方法。由于不同入侵引起的网络异常行为有相似性，所以，用已知的入侵进行若干次实验，收集若干样本点作为不正常状态的采样点，用相似的方法生成不正常状态的概念云。理想的情况下，"正常"概念云与"不正常"概念云有交集，说明两个概念可覆盖整个状态空间。但实际上对网络系统，不适宜直接划分为"正常"与"不正常"两个状态。因此，在本书中，对两概念云之间未覆盖的区域进一步划分，生成四概念云(正常、基本正常、不太正常、不正常)以更好地满足定性描述网络风险的需要。

将正常云的重心 Ex_z 和 Ex_F 之间的区域平分为两部分，分别设为基本正常和不太正常概念云。根据云滴对概念的贡献，论域中对概念有贡献的云滴，主要落在区间 $[Ex - 3En, Ex + 3En]$[14]。本书中，基于黄金分割率的云生产方法，相邻云的熵和超熵，预设较小者是较大者的 0.618 倍，估算出 Ex_{z1}(较正常)和 Ex_{F1}(较不正常)。其中，计算公式如下：$Ex_{z1} = Ex_Z + 3 \times 0.618 \times En_Z$，$Ex_{F1} = Ex_F - 3 \times 0.618 \times En_F$。经过此过程，最后组成一个四尺度的概念云(不正常、不太正常、基本正常、正常)。将其投影到一维平面上，如图 11.1 所示。

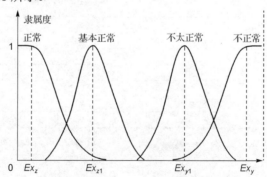

图 11.1　四概念云在内存上的投影示意图

(3)综合评价云的生成。

其他各系统参数的概念云的生成类似，将其综合可以得到综合评估。权重的设置方法为对每个因素都分配相应的云权重(用云来描述权重)[17]，让云权重参与综合评判，最终通过云计算得到基于云滴分布的综合评价结果，改善了直接对期望值上界溢出进行修正而导致的不科学性函数。

11.3.3　网络入侵风险的评估和决策过程

本方法的主要目的在于：根据当前系统变量值，直接感知出系统的安全风险，以正确评估风险。设从时间 t_0 开始，以 T 为周期，对系统参数值进行采样，获取 h 个样本。根据实际采集到的样本值，得到此时的 (Ex, En, He) 和云模型。然后根据云相似度算法，计算此云与已知概念云的相似度，激活相似度最高的作为输出。本书设计了一种改进的相似性度量方法。通过产生一定数量的云滴，基于云滴之间的距离来度量，如算法 3 所示。

算法 3　两个云相似度度量算法。

输入：C_0 的数字特征 (Ex_0, En_0, He_0)，C_1 的数字特征 (Ex_1, En_1, He_1)，产生的云滴数 n。

输出：两个云的相似度值 s。

具体步骤如下。

(1) 使用正向云生成算法依次生成云 C_0 和 C_1 的 n 个云滴，保存云滴的横坐标，并分别记为

$$\text{drop}_0(n) = (x_0(1), x_0(2), \cdots, x_0(k), \cdots, x_0(n))$$

$$\text{drop}_1(n) = (x_1(1), x_1(2), \cdots, x_1(k), \cdots, x_1(n)), \quad 1 \leqslant k \leqslant n$$

(2) $\text{sort}(\text{drop}_0(n)), \text{sort}(\text{drop}_1(n))$，对云滴按横坐标从小到大进行排序。

(3) 分别筛选出落在 $[Ex - 3En, Ex - 3En]$ 范围内的云滴。

(4) 经过筛选后，$\text{drop}_0(n) \rightarrow \text{drop}_0'(n_0)$，$\text{drop}_1(n) \rightarrow \text{drop}_1'(n_1)$，分别得到 n_0 和 n_1 个云滴。

(5) 设 $l = \min(n_0, n_1)$，假设 $n_0 < n_1$，则云滴 drop_1' 有 $c_{n_1}^{n_0}$ 个组合 drop_{lk}'，$k \in (1, 2, \cdots, c_{n_1}^{n_0})$，如果 $n_0 > n_1$，计算类似。

(6) 依次计算云滴 drop_0' 和云滴 drop_1' 距离 $\text{dis}(k) = (x_{(0)k} - x_{(1)k})^2$，$k \in (1, 2, \cdots, c_{n_1}^{n_0})$。

(7) 定义二者之间的距离 $d = \text{Sqrt}\left(\sum \text{dis}(k) / C_{n_1}^{n_0}\right) / l$。

(8) 定义二者之间的相似度 $s_1 = 1 / d$，距离越小，相似度越大。

同样，用算法 3 可以得到算出其他 3 个标准评估云 C_2、C_3、C_4 所对应的相似度 s_2、s_3、s_4，比较 s_1、s_2、s_3、s_4，选出最大的 $s_i (1 \leqslant i \leqslant 4)$ 所对应的云 $C_i (1 \leqslant i \leqslant 4)$ 就是与 C_0 最相似的云，也即输出结果。

从上面的过程可知，与基于属性相似度的云模型算法相比[18]，本算法是基于云滴之间的距离来计算的，避免了属性权值等复杂计算，算法更加简单。实验结果证明了本算法的有效性。此外，本算法除了可以判断云整体形状的相似度，还可以用来判断云对应的定性概念的相近程度，具有较好的推广性。

11.4　系統仿真實驗

11.4.1　仿真過程與結果

为了验证本算法的性能，在网络实验室中的局域网中作了相关验证实验。用编程语言 VC 实现算法，操作系统环境为 Windows 2000。实验用的为美国林肯实验室 kddcup99 数据。主要参数取值如下：T=10s，h=20，n=100。具体步骤简述如下。

(1) 用不含任何攻击流量的训练数据作为系统正常状态，从 t 时刻开始，以周期 T，分别对 CPU 占用率和内存占用率进行采样 20 次，利用算法 1（逆向云生成算法）计算出其数字特征 $cloudgood(Ex,En,He) = (10,2.2,0.5)$，得到系统正常状态云。

(2) 分别进行 PROBE（端口扫描）攻击、R2L（远程登录）攻击、DOS（拒绝服务）攻击，作为系统基本正常、不太正常、不正常状态的采样环境，得到

$$cloudcomm(Ex,En,He) = (20,2.8,1.3)$$

$$cloudworse(Ex,En,He) = (35,4.1,1.2)$$

$$cloudbad(Ex,En,He) = (50,3.0,0.4)$$

这样就得到（正常、基本正常、不太正常、不正常）状态云集合。

(3) 进行随机网络攻击，并采样系统当前的内存占用率和 CPU 占用率作为输入参数并进行权重计算，得到此时的云特征参数 (Ex,En,He)。

(4) 利用云相似度算法，计算此时的云与标准概念云的相似度，相似度最大的为输出结果。

(5) 重复进行实验多次，测试系统的性能。表 11.2 为部分系统采样值及网络风险评估结果。

从表 11.2 可以看出，本方法可以给出正确的评价和决策结果，具有一定的价值。同时，从云的数字特征 (Ex, En, He) 可以看出，风险较低、较高状态的熵 En 和超熵 He 相对较大。熵 En 较大表明了此定性概念随机性较大，比较离散，网络处于此状态具有较大的范围。超熵 He 较大，说明此时评估结果的不确定性较大。这恰好与现实生活一致：对网络处于安全、不安全状态的认识和评估，不同人评估结果差异较小；而对网络处于较安全、较不安全状态时，不同人评估结果差异性较大，也就是说，结果认定不同的可能性较大。因此，基于云模型的网络风险评估不仅给出了正确的评估结果，而且保留了评估过程中的不确定性，结果具有更好的可理解性。

表 11.2　网络安全风险评估和决策结果

系统参数平均采样值		云特征 (Ex, En, He)	网络风险决策结果
CPU 占用率/%	内存占用率/%		
2.0	5.0	(3,2.0,0.6)	低
8.2	13.5	(10,3.8,1.3)	较低
42.5	35.0	(38,4.1,1.2)	较高
50.0	56.5	(50,2.0,0.4)	高

表 11.3　相关算法比较分析

	模糊集法	概率方法	型 2 模糊集	本书算法
模糊性	√	×	√	√
随机性	×	√	√	√
量化方法	隶属度	概率密度函数	隶属度（次隶属度）	云数字特征
计算量	一般	一般	较大	一般

11.4.2　相关算法比较分析

本书主要是利用云模型把模糊性与随机性完美集合的优点，将其引入到网络风险评估中。因此，主要与基于模糊思想与随机性思想进行风险评估的相关典型算法进行比较。与基于概率的评估方法相比[9]，虽然概率评估方法保留了评估结果的不确定性，但对评价集合的概率密度函数有严格要求，而且没有考虑模糊性。与基于模糊思想的评估评估方法[8,12]相比，模糊评估方法要求给出确定的隶属度函数，一旦定义了隶属度，实际上进入了精确数学，此后的推理、计算毫无模糊性可言，因此，对于相同的输入，总会得到相同的结果，不符合人们对自然语言中概念理解的不确定性。型 2 模糊集[18]进一步给出模糊集合中隶属度值的模糊程度，处理实际对象的不确定性，实际上是给出了隶属度函数的隶属度，进一步刻画了模糊现象，但其评估过程与传统模糊集相似，计算同样是基于确定的隶属度，此后的推理缺少不确定性，同时计算量较大[19-21]。云模型方法结合了模糊性和随机性，最大限度地保留了评估过程中固有的不确定性,并且对语言值的描述都是用期望、熵、超熵表示的，具有相同的形态和更好的可理解性，提高了评估结果的可信度，推理结果更加合理而且贴近实际。表 11.3 给出了相关算法的比较分析。

11.5　本章小结

本章提出了一种基于云模型的网络入侵风险评估方法，并设计了一种改进的逆向云生成算法和一种云相似度计算方法，并通过理论分析和实验证明了其有效性。

给出了算法设计思想、实现过程，进行了相关的关键技术分析，最后进行了仿真验证实验。结果表明，本方法很好地处理了网络入侵的随机性，以及对入侵风险评估的模糊性，并能够适应超熵变化带来的不确定性，较好地减少人为因素的影响，正确评估网络当时所处的风险等级，使得对网络危险的防范和处理更加细致。如何更合理及更准确地采样影响系统的性能参数，以使得评价结果更可信科学，是下一步研究的方向。

参 考 文 献

[1]　Visintine V. An introduction to information risk assessment. SANS Institute Journal, 2003, 8(5): 101-118.

[2]　Chu C K, Chu M. An integrated framework for the assessment of network operations, reliability, and security. Bell Labs Technical Journal, 2004, 8(4): 133-152.

[3]　张永铮, 方滨兴, 迟悦, 等. 网络风险评估中网络节点关联性的研究. 计算机学报, 2007, 30(2): 234-240.

[4]　李伟明, 雷杰, 董静, 等. 一种优化的实时网络安全风险量化方法. 计算机学报, 2009, 32(4): 793-804.

[5]　Li T. An immunity based network security risk assessment. Science China: Information Science, 2005, 48(5): 557-578.

[6]　张红斌, 裴庆祺, 马建峰. 内部威胁云模型感知算法. 计算机学报, 2009, 32(6): 784-791.

[7]　陈秀真, 郑庆华, 管晓宏, 等. 层次化网络安全威胁态势量化评估方法. 软件学报, 2006, 17(4): 885-897.

[8]　赵冬梅, 马建峰, 王跃生. 信息系统的模糊风险评估模型. 通信学报, 2007, 28(4): 51-56.

[9]　李焕洲, 王祯学, 陈麟. 信息系统安全风险的概率描述及基本特征. 四川大学学报(自然科学版), 2008, 32(4): 87-90.

[10]　李顺国, 李汇, 王学国. 基于粗糙集理论的信息化风险分析. 武汉理工大学学报, 2009, 30(7): 67-71.

[11]　高会生, 郭爱玲. 组合核函数 SVM 在网络安全风险评估中的应用. 计算机工程与应用, 2009, 18(4): 27-30.

[12]　汪楚娇, 林果园. 网络安全风险的模糊层次综合评估模型. 武汉大学学报(理学版), 2006, 52(5): 622-626.

[13]　汤永利, 徐国爱, 钮心忻, 等. 基于信息熵的信息安全风险分析模型. 北京邮电大学学报, 2008, 31(2): 50-53.

[14]　李德毅, 杜鹢. 不确定性人工智能. 北京: 国防工业出版社, 2005.

[15]　Li D Y, Liu C Y, Gan W Y. A new cognitive model: Cloud model. International Journal of Intelligent Systems, 2009, 24(4): 357-375.

[16]　盛骤, 谢式千, 潘承毅. 概率论与数理统计. 北京: 高等教育出版社, 2005.

[17]　柳炳祥, 李海林, 杨丽彬. 云决策分析方法. 控制与决策, 2009, 24(6): 957-960.

[18]　张国英, 刘玉树. 基于属性相似度云模型分类器. 北京理工大学学报, 2006, 25(6): 499-503.

[19]　Mendel J M, John R I B. Type-2 fuzzy sets made simple. IEEE Transactions on Fuzzy Systems, 2002, 10(2): 117-127.

[20]　Mendel J M. On a 50% savings in the computation of of a symmetrical interval type-2 fuzzy set. Information Sciences, 2005, 172(3): 417-430.

[21]　Wu D, Mendel J M. A comparative study of ranking methods, similarity measures and uncertainty measures for interval type-2 fuzzy sets. Information Sciences, 2009, 179(8): 1169-1192.

第 12 章 一种用于异常检测的实值否定选择算法

12.1 概　　述

否定选择算法是人工免疫系统的主要算法之一，已经在不同的应用领域，尤其是异常检测领域得到了广泛的应用[1]。面向异常检测应用的否定选择算法中，检测器的好坏直接影响着检测性能，因此，如何生成有效的检测器一直是研究热点。按照数据表示方式来分，否定选择算法可以分为二进制字符串表示和实数值向量表示。由于实值表示比字符串表示更适合有效描述数值型数据在论域空间的分布和处理高维问题，因而实值否定选择算法得到了研究者的普遍关注[2]。本书提出一种改进的实值否定选择算法，并验证了其有效性。

12.2 相　关　工　作

文献[3]首先提出实值表示的否定选择算法，提高了表示的灵活性；文献[4]提出一种用进化系统补充检测器集合的方法，提高了检测效率；文献[5]提出了随机的实值否定选择算法，使用蒙特卡罗和模拟退火方法对算法进行优化；文献[3]～[5]均使用定长检测器半径，由于难以准确确定检测器的半径大小，导致检测性能不高；文献[6]首次提出了检测器半径可变的否定选择算法(V-detector)，提高了检测率，但检测器的中心点随机选择，半径的选择也缺少优化；文献[7]中用边界感知的方式来决定可变检测器的半径，总是最大可能地加大检测器的半径，使检测器接近自我集合中的点，提高了检测率，但误报率也大幅增加；文献[8]集成假设检验的方法来生成检测器集合，检测器的半径选择仍然基于文献[6]；在国内，实值表示的否定选择算法方面，文献[9]提出一种基于自体区域的否定选择算法，仍然采用定长检测器半径；文献[10]提出一种自体半径也可变的自适应否定选择算法，检测器中心的选择仍然是随机的(基于文献[6])；文献[11]提出一种基于切割的检测器生成算法，检测器采用超立方体表示，主要侧重提高算法运行效率；文献[12]将覆盖率引进否定选择算法，但较为粗糙。

本书提出一种改进的检测器半径可变的实值否定选择算法。算法在检测器的生成过程中，通过自体的分布特点，在非自体空间搜索，尽可能生成覆盖范围较大的检测器，并集成期望覆盖率作为算法结束的控制参数。理论分析和实验结果表明：本算法减少了所需的检测器数量，提高了检测率，整体检测性能得到提高。

12.3　算法基本思想和步骤

12.3.1　算法改进的基本思想

对于基于否定选择算法的异常检测问题，在理想状态下，希望用最少的检测器检测到最大可能的异常。因此，提高检测器的覆盖范围，是一个简单可行的方法。对于实值表示的检测器来说，一个检测器就是高维空间的一个超球体[3-6]，因此，如果能有效增加检测器的半径，显然可以扩大检测的覆盖范围，并减少所需的检测器数量，进而提高检测性能。V-detector 算法[6]以一个二元组 (x,r) 表示检测器，其中 x 表示检测器的中心点(非自体空间的某一点)，r 为检测半径。其中，半径 r 是可变的，其值为 $r = d - r_s$。d 是 x 与任一自体样本的最短欧氏距离，r_s 是自体半径，即 r 的大小根据最近自体元素的边缘而改变。由于实值表示的异常检测问题实际可以转换成向量空间的区域划分问题[6-8]，所以，在确定 x 后，可以根据非自体空间的分布情况生成覆盖范围更广的检测器，进而减少所需检测器的数量，提高检测性能。本书利用数学中的相关理论对检测器生成算法进行了改进，下面用二维图形来进行说明。

假设随机产生的点(向量)为 x，S (自体样本)中与 x 距离最近的两个自体点记作 s_1、s_2，其与 x 的欧氏距离分别是 L_1、L_2，且满足 $L_1 \leq L_2$，即点 s_1 是与 x 最近的自体点，L_1 是与自体样本的最短距离。在 V-detector 算法中，二元组 (x,r_1) 即是检测器，其中 $r_1 = L_1 - r_s$，r_s 为自体半径。本书对检测器作如下改进，分析和改进过程如下。

在向量空间中，以 x 为中心、r_1 $(L_1 - r_s)$ 为半径的超球记作 B_1，其在球面内只包含点 s_1；以 x 为中心、r_2 $(L_2 - r_s)$ 为半径的超球记作 B_2，其在球面上只包含 s_2，并且球体 B_1 包含在 B_2 内。在 s_1 到 x 的连线延长线上可以得到一点 p，使得 $|x-p| = \dfrac{r_2 - r_1}{2}$，则以 p 为中心、r_p $\left(r_p = |x-p| + r_1 = \dfrac{r_2 - r_1}{2} + r_1 = \dfrac{r_2 + r_1}{2}\right)$ 为半径的超球记作 B_p，则超球 B_p 包含 B_1，且 s_1 在 B_p 球面上，同时，B_p 包含在 B_2 内，所以点 p 到 B_2 的距离大于等于 r_p，即 B_p 不会覆盖 s_2，如图 12.1 所示。也就是说，点 p 与自体集 S 的最近距离是 r_p。因为超球 B_p 包含 B_1，所以检测器 (p,r_p) 的检测范围包含且大于检测器 (x,r_1) 的检测范围，且不覆盖自体点。因此，(p,r_p) 为新的检测器，且保证了在自体样本集合确定的情况下，对同一个非自体样本，改进算法生成的检测器的覆盖范围大于或等于原算法的检测器覆盖范围。

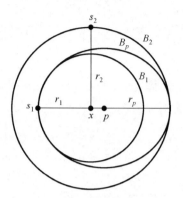

图 12.1　超球体关系示意图

12.3.2　算法基本步骤和流程

算法基本步骤简述如下。

(1)随机产生候选检测器 x。

(2)计算 x 与检测器集合 D 中已有的检测器 $d_i(i=1,2,\cdots,n)$ 的欧氏距离 $L_{d_i} = \text{Euclidean}(d_i,x)$。

(3)如果距离 L_{d_i} 小于任一检测器 d_i 的半径 $r(d_i)$，说明点 x 已经被检测器覆盖，则放弃该点，同时计数器 $t=t+1$（t 记录任一随机点被已有检测器覆盖的次数）；否则转步骤(5)。

(4)如果 $t \geqslant 1/(1-c)$（c 为期望覆盖率），则说明覆盖率已经足够，结束算法；否则，转步骤(1)。

(5)计算点 x 与自体样本集合 S 中的自体点 s_i 的欧氏距离 $L_i = \text{Euclidean}(s_i,x)$ $(i=1,2,\cdots,n)$，记录距离最近的两个自体点及其距离，分别记作 (s_1,L_1)、(s_2,L_2)，且 $L_1 \leqslant L_2$，并计算 $r_1 = L_1 - r_s$，$r_2 = L_2 - r_s$，r_s 为自体半径。

(6)如果 $r_1 > 0$，此时不再使用 (x,r_1) 作为新的检测器，而是移动检测器的位置到 $p = x + \dfrac{r_2-r_1}{2} * \dfrac{x-s_1}{\|x-s_1\|}$（$\|$ $\|$ 表示 n 维向量范式），同时更改检测器的半径为 $r_p = \dfrac{r_1+r_2}{2}$，则新的检测器为 (p,r_p)，将 (p,r_p) 作为新的检测器加入到检测器集合 D。

(7)如果 $r_1 \leqslant 0$，说明点 x 落在自体区域，则 $T=T+1$。如果 $T > 1/(1-c_s)$（c_s 为最大自体覆盖率），则算法结束。

(8)如果检测器集合 $|D|$ 达到最大检测器数量 $N_{\max}$，则结束；否则，转步骤(1)。

算法基本流程如图 12.2 所示。

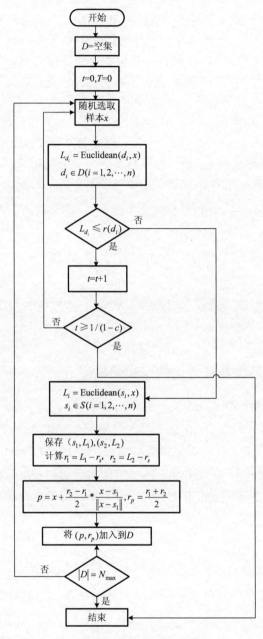

图 12.2　算法基本流程图

12.3.3　算法特点分析

　　本算法集成了覆盖率目标值作为算法的一个终止条件，而不是仅简单决定于生成预设的检测器最大数量。因此，本算法提供了以下 3 种结束方式：①当期望的覆盖率达到时(步骤(4)),算法结束,这也是本算法独特之处,可以避免产生冗余的检测器。下面的实验证明了这一点。②检测器的数目达到预设值(步骤(8))。③如果重复多次后,仍不能产生任何合格的检测器,算法作为一种特殊情况也会结束(步骤(7))。由于 x 随机生成,所以无法避免在自体空间生成检测器的情况出现。此情况出现说明自体样本(训练数据)几乎覆盖了整个空间(如自体半径设置过大)。

对采用覆盖率估计(步骤(4))的正确性证明如下:如果在全论域空间中产生 t 个点(新检测器),只有一个点未被检测器或者自体样本覆盖,则覆盖率估计值为:$c = 1 - 1/t$;因此,当随机产生 t 个点而没有发现一个未覆盖的点,可以估计实际的覆盖率已经达到 c。因此,确保已经达到期望覆盖率所需的尝试次数 t 无需预设,它由目标覆盖率决定:$t = \dfrac{1}{1-c}$。t 也是重复产生不合格检测器次数上限。

12.4　实验和结果分析

为了验证算法的性能,通过人工合成数据集 2D Synthetic Data 和真实数据集(Iris 和 Biomedical)进行了实验验证和分析,并与相关算法作了比较。程序在 Windows 环境下,用 JAVA 语言编程实现。

12.4.1　异常检测系统及其性能的形式化描述

异常检测系统(anomaly detection system, ADS)$\sum_{\text{ADS}}$ 可表示为三元组:$\sum_{\text{ADS}} = (\text{IN}_{\text{ADS}}, \text{OUT}_{\text{ADS}}, F_{\text{ADS}})$,其中 IN_{ADS} 表示异常检测系统的输入。令 U (universe)表示输入的整个论域,A (anomaly)表示异常数据集合,$\bar{A}$ 表示正常数据集合,则 A 和 $\bar{A}$ 互斥,有 $A \cup \bar{A} = U$,$A \cap \bar{A} = \varnothing$,$\text{IN}_{\text{ADS}} \in U$。$\text{OUT}_{\text{ADS}}$ 表示异常检测系统的输出,输出为正常 N 和不正常 $\bar{N}$ 两种状态,正常用 1 表示,不正常用 0 表示。F_{ADS} 表示输入与输出之间的非线性函数关系,有

$$\text{OUT}_{\text{ADS}} = F_{\text{ADS}}(\text{IN}_{\text{ADS}}) = \begin{cases} 1, & \text{IN}_{\text{ADS}} \in I \\ 0, & \text{IN}_{\text{ADS}} \in \bar{I} \end{cases}$$

用符号 R_{TP}、R_{MP}、R_{FP} 分别表示异常检测系统 $\sum_{\text{ADS}}$ 的检测率、漏警率、虚警率,则

$$R_{\text{TP}}\left(\sum\nolimits_{\text{ADS}}\right) = P(\text{OUT}_{\text{ADS}} = 1 \,/\, \text{IN}_{\text{ADS}} \in A)$$

$$R_{\text{MP}}\left(\sum\nolimits_{\text{ADS}}\right) = P(\text{OUT}_{\text{ADS}} = 0 \,/\, \text{IN}_{\text{AIPS}} \in A) = 1 - R_{\text{TP}}$$

$$R_{\text{FP}}\left(\sum\nolimits_{\text{ADS}}\right) = P(\text{OUT}_{\text{ADS}} = 1 \,/\, \text{IN}_{\text{ADS}} \in \bar{A})$$

一个优异的异常检测算法应该具有高的检测率(即低的漏警率)和低的虚警率。由于检测率和虚警率往往是互相制约，为了更有比较性的衡量检测结果，本书定义了一个新的衡量指标：错误概率，用符号 EP (error probability) 表示。

定义异常检测系统的错误概率为

$$EP\left(\sum \text{ADS}\right) = W_{MP} \times R_{MP}\left(\sum \text{ADS}\right) + W_{FP} \times R_{FP}\left(\sum \text{ADS}\right)$$

式中，W_{MP} 和 W_{FP} 为权值(权值大小可以根据实际应用需要设定)，有 $0 \le W_{MP} \le 1$，$0 \le W_{FP} \le 1$，$W_{MP} + W_{FP} = 1$，因此，$EP\left(\sum \text{ADS}\right) \in [0,1]$。EP 值越小说明检测性能越好，理想的异常检测系统 DP = 0。同时，由于待检测的数据必须与检测器集进行比较，因此，检测器的数量影响着检测器的检测效率。所以，本书采用检测率(TP)、虚警率(FP)、错误概率(EP)、检测器的数量(N)作为检测性能的综合衡量指标。

12.4.2　在合成数据上的结果

(1)实验数据及参数设置。

用合成的二维实值数据集 2D Synthetic Data 来验证本算法[13]。此 2 维数据集总共包括 38 对数据，每一对数据包括一个测试数据和一个训练数据，每个数据包含 1000 个数据点。由于真实环境中，自体数据的分布规律具有不确定性，为了更全面描述自体的分布情况，数据集设计了 7 类自体形状(分布状态)，包括 comb(梳子型)、cross(十字型)、triangle(三角形)、ring(环形)、stripe(带状)、intersection(交叉式)、pentagram(五角星)。除 comb 外，其他形状又分为大、中、小三种不同的规格(参数)，同时设计了与上述 7 种形状互补的形状，所以，总共形成了 38 对数据((1+3×6)×2= 38)。

为了便于比较，实验中参数的选取与文献[6]相同：$c_s = 99.99\%$，自体区域为 cross(十字型)，期望覆盖率为 99%。训练数据分别采用 10%、50%、100%选取的自体点，测试数据是 1000 个随机分布的数据点(包括自体与非自体)；自体半径取值从 0.01～0.20。为了减少随机检测器对检测结果不确定性的影响，实验结果是 100 次重复实验的结果。实验结果如表 12.1 所示。表 12.1 给出了使用不同的自体数据训练，检测器数量最大值设为 1000，自体半径取典型值 0.05 和 0.1 时算法的检测性能。其中，错误率的计算是假设检测率、虚警率同等重要，即权值 W_{MP} 和 W_{FP} 均设为 0.5。

(2)实验参数对检测结果的影响分析。

实验结果表明：自体训练数据的比例尤其是检测器半径(阈值)的取值对检测结果影响很大。

① 当训练用的正常数据越多时，虚警率降低，检测率也稍微有所降低，所需检测器数量变化不大。主要原因在于：由于自体定义完全是一些离散的点，越多的自体样本将有效降低虚警率(但并不能完全排除虚警率)，对检测率和所需的检测器数量影响不大。

表 12.1　相关算法检测性能比较（合成数据集）

训练数据	相关算法	自体半径	检测率/%	虚警率/%	错误率/%	检测器数量
10% training	本算法	0.1	80.36	1.82	0.1073	38
	V-detector	0.1	78.25	1.80	0.1178	162
50% training	本算法	0.1	79.28	0.94	0.1083	47
	V-detector	0.1	76.23	0.61	0.1214	180
100% training	本算法	0.1	78.92	0.50	0.1034	51
	V-detector	0.1	74.68	0.24	0.1278	196
10% training	本算法	0.05	97.23	17.5	10.14	40
	V-detector	0.05	96.25	17.2	10.48	160
50% training	本算法	0.05	97.15	9.24	6.05	52
	V-detector	0.05	96.10	8.65	6.28	172
100% training	本算法	0.05	96.23	5.02	4.40	56
	V-detector	0.05	95.28	4.74	4.73	186

② 自体半径对检测率和虚警率的影响如图 12.3 所示。可以看出：自体半径越小，检测率越高，但虚警率也越高。主要原因在于：自体半径小时，自体泛化范围较小，检测越严格，更多的异常可以被检测到，检测率提高；同时，当自我样本过小时，由于不能形成一个连续的区域，可能在自我空间中产生检测器，导致虚警率升高。而当自体半径较大时，检测率和虚警率都较低。主要原因在于：自体半径过大时，位于自我空间边缘的自我样本可能会覆盖到非自体空间，导致部分非自体无法被检测到，导致了检测率降低，同时，由于自体半径较大时，自体泛化范围较大，所以，虚警率也降低。

③ 自体半径对检测器数量的影响如图 12.4 所示。自体半径较小时，所需检测器数稍多，但随着自体半径变大，所需的检测器数量基本趋于常数。

从上面的分析可以看出，自体半径大小是平衡检测率和虚警率的主要参数。因此，必须根据实际情况，选择合适的自体半径：如果为了更多的检测异常，可以取半径较小；如果为了尽量避免虚警率，半径可以适当大一些。

(3) 算法比较分析。

图 12.3 和图 12.4 所示是使用 10%训练数据时本算法与经典 V-detector 算法[6]的比较结果。由于实际使用中，自体的不完备性，使用较少的训练数据更能有力说明算法性能。从表 12.1 和图 12.3、图 12.4 的实验结果可以看出，使用改进的算法检测率到了提高，虚警率稍有增加。考虑指标错误率 EP，本算法的 EP 值稍低，尤其是所需的检测器数量有了较明显的下降，说明检测性能较好。其主要原因在于：算法通过搜索非自体空间，优化了检测器的中心点，扩大了检测器的覆盖范围。因此，综合来看，本算法检测性能较优。

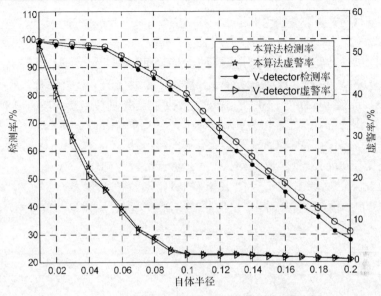

图 12.3　检测结果示意图

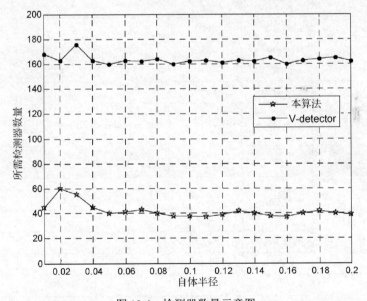

图 12.4　检测器数量示意图

12.4.3　在真实数据上的实验结果

同时使用著名的 Fisher's Iris 免疫原理数据集验证此算法的性能[14-16]。该数据集有 3 个类(setosa、versicolour、virginica)，每类 50 个样本，每个样本是一个 4 维的特征向量,用来描述花类的形状和大小,分别是:萼片的长度、宽度、花瓣的长度宽度(厘米)。其中 setosa 为线性可分离的,versicolour、virginica 彼此之间是非线性的。实验时,一类数据被作为正常数据,其他两类作为异常数据。正常数据用来训练系统。其中,setosa 50%表示:setosa 被认为正常数据,其他两种类型(versicolor 和 virginica)当作异常数据,50%的 setosa 数据被当作训练数据,所有三种类型的数据(包括已经作为训练数据)作为测试数据,其他(如 setosa 25%)表示的含义类似。同样,为了减少随机检测器对检测结果不确定性的影响,实验结果是对每一种方法和参数设置的 100 次重复实验的结果。为了便于比较,与 RRNSA 算法[5]和 V-detector 算法[6]设置相同的实验参数:自体半径为 0.1,期望覆盖率为 99%,检测器数量最大值设为 1000。检测率和虚警率权值相同(均为 0.5)。实验结果如表 12.2 所示。

表 12.2　相关算法检测性能比较(Iris 数据集)

训练数据	相关算法	检测率/%	虚警率/%	错误率/%	检测器数量
setosa 100%	本算法	99.98	0	0.01	12
	V-detector	99.98	0	0.01	20
	RRNSA	100	0	0	1000
setosa 50%	本算法	99.98	1.33	0.68	9
	V-detector	99.97	1.32	0.68	16
	RRNSA	100	11.18	0.56	1000
versicolor 100%	本算法	86.37	0	6.69	78
	V-detector	85.95	0	7.03	153
	RRNSA	90.67	0	4.67	1000
versicolor 50%	本算法	89.65	8.50	9.43	60
	V-detector	88.31	8.42	10.06	110
	RRNSA	92.23	22.2	11.49	1000
virginica 100%	本算法	83.80	0	8.10	120
	V-detector	81.87	0	9.07	218
	RRNSA	92.51	0	3.75	1000
virginica 50%	本算法	94.18	13.19	9.51	67
	V-detector	93.58	13.18	9.80	108
	RRNSA	95.18	33.26	19.04	1000

　　同时,也验证了自体半径对检测率和虚警率、所需检测器数量的影响。图 12.5 和图 12.6 分别是 virginica 50%作为训练数据时,相关算法的性能比较。比较算法为经典的定长检测器算法 RRNSA[5]和变长检测器半径算法 V-detector[6]。

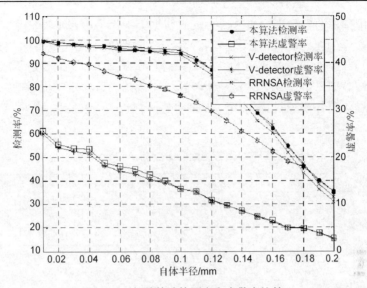

图 12.5　相关算法检测率和虚警率比较

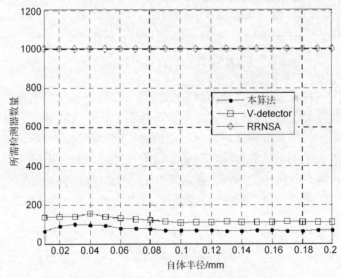

图 12.6　相关算法所需检测器数量比较

　　从实验结果可以看出，本算法与 V-detector[6]相比，由于扩大了检测器的半径，所需的检测器数量减少，检测率略有提高，虚警率相当，错误率 EP 较低。与 RRNSA 相比[5]，检测率略有下降，但虚警率较低，错误率 EP 也较低，尤其是需要的检测器数量大幅减少，可有效提高检测效率。因此，综合考虑，本算法有一定的优越性。而算法在 setosa 数据集上比其他数据集检测率较高的原因主要在于：相比其他两类数据，其数据本身是线性分离的。自体半径仍然是平衡检测率和虚警率的重要参数。

　　同时，用同样的参数设置在 Biomedical 数据集上作了进一步实验[10]。此数据集是一个 209 个患者的血压测量，每个患者有四种不同类型的血压测量值(用来判断一种稀有的遗传病)。134 个患者是正常的，75 个患者是疾病携带者，也就是要被检测的异常数据。实验结果如表 12.3 所示，进一步验证了本算法具有一定的优越性。表中检测率较低的原因在于自体半径设置为 0.1，如果要想得到较高的检测率，可将自体半径适当减少。

表 12.3　相关算法检测性能比较(Biomedical 数据集)

训练数据	相关算法	检测率/%	虚警率/%	错误率/%	检测器数量
100% training	本算法	40.51	0	29.48	10
	V-detector	30.61	0	34.70	22
	RRNSA	69.36	0	15.32	1000
50% training	本算法	42.89	1.07	29.09	8
	V-detector	32.92	0.61	33.85	16
	RRNSA	72.29	2.94	15.33	1000
25% training	本算法	57.97	2.63	22.33	7
	V-detector	43.68	1.24	28.78	12
	RRNSA	86.96	19.50	16.27	1000

12.5　本章小结

　　本章提出了一种集成期望覆盖率估计的检测器半径可变的实值否定选择算法[17]。算法采用期望覆盖率作为算法结束运行的一个控制参数，有效避免了直接设定最大检测器个数可能带来的冗余检测器，同时，使用优化的检测器中心点，有效扩大检测器的半径，进一步优化了检测器数量，提高了检测性能。实验结果和分析表明了算法的有效性。由于自体半径是平衡检测率和虚警率的主要参数，实际使用中，具体取值依赖于特定的应用问题。如何针对实际问题，实现对自体半径最优值的有效预测，是下一步的研究工作。

参 考 文 献

[1]　莫宏伟, 左兴权. 人工免疫系统. 北京: 科学出版社, 2009.

[2]　Bereta M, Burczyński T. Comparing binary and real-valued coding in hybrid immune algorithm for feature selection and classification of ecgsignals. Engineering Application of Artifical Intelligence, 2007, 20(5): 571-585.

[3]　González F, Dasgupta D, Kozma R. Combining negative selection and classification techniques for anomaly detection. Proceedings of the 2002 Congress on Evolutionary Computation, Honolulu, 2002: 705-710.

[4]　Gonzalez F, Dasgupta D. Anomaly detection using real-valued negative selection. Journal of Genetic Programming and Evolvable Machines, 2003, 4(4): 383-403.

[5]　Gonzalez F, Dasgupta D, Nino L F. A randomized rea-valued negative selection algorithm, ICARIS, 2004.

[6]　Zhou J, Dasgupta D. Real-valued Negative Selection Algorithm with Variable-sized Detectors. Berlin: Springer, 2005: 287-298.

[7]　Zhou J. A boundary-aware negative selection algorithm. IASTED International Conference on Artificial Intelligence and Soft Computing (ASC), Benidorm, 2006.

[8]　Zhou J, Dasgupta D. V-detector: An efficient negative selection algorithm with "probably adequate" detector coverage. Information Sciences, 2009, 17(9): 1390-1406.

[9]　Zhang F B, Wang D W, Wang S W. A self region based real-valued negative selection algorithm. Journal of Harbin Institute of Technology, 2008, 15(6): 851-855.

[10]　Zeng J Q, Liu X J , Li T. A self-adaptive negative selection algorithm used for anomaly detection. Progress in Natural Science, 2009, 19(2): 261-266.

[11]　蔡涛, 鞠时光, 仲巍, 等. 基于切割的检测器生成与匹配算法. 电子学报, 2009, 36(4): 358-362.

[12]　朱思峰, 刘芳, 柴争义. 基于检测器覆盖率评估的否定选择算法. 华中科技大学学报(自然科学版), 2009, 31(12): 1407-1410.

[13]　Columbia University. 2DSyntheticData. http: ∥ www. zhouji.net/prof/2DSynthetic Data. zip.

[14]　StatLib Datasets Archive. http://lib.stat.cmu.edu//dataset/.

[15]　Ji Z, Dasgupta D. Applicability issues of the real-valued negative selection algorithms. Genetic and Evolutionary Computation Conference (GECCO), Seattle, 2007: 111-118.

[16]　Zhou J, Dasgupta D. Revisiting negative selection algorithms. Evolutionary Computation, 2007, 15(3): 123-136.

[17]　柴争义, 王献荣, 王亮. 一种用于异常检测的实值否定选择算法. 吉林大学学报(工学版), 2012, 42(1): 176-181.

第 13 章　一种免疫实值检测器优化生成算法

13.1　概　　述

否定选择算法(也称阴性选择算法、负选择算法、非选择算法、反向选择算法等)是人工免疫系统的主要算法之一,已经在不同的应用领域,尤其是异常检测领域(如故障诊断与检测、异常变化检测、病毒检测等)得到了广泛的应用[1]。在否定选择算法中,通过检测器集来检测区分数据是正常还是异常,因此,检测器的生成是否定选择算法的关键问题。如何尽可能减少检测器的数量,提高检测器对非自体的检测率,是检测器生成算法的根本目标。按照数据表示方式不同,否定选择算法可以分为二进制(字符串)表示和实数值向量表示。由于实值表示比字符串表示更适合有效描述数值型数据在论域空间的分布和处理高维问题,因而得到了研究者的普遍关注[2]。本书提出一种集成假设检验的实值可变半径检测器生成算法,并通过理论分析和实验证明了其有效性。

13.2　国内外相关工作

国际上,文献[3]首先提出了实值表示的否定选择算法,提高了问题空间数据表示的灵活性;文献[4]提出一种用进化系统补充检测器集合的方法,提高了检测效率;文献[5]提出了随机的实值否定选择算法,使用蒙特卡罗和模拟退火方法对检测器分布进行优化;文献[3]～[5]均使用固定大小的检测器半径,由于难以准确确定检测器的半径大小,导致检测性能不高。文献[6]首次提出了检测器半径可变的否定选择算法(V-detector),提高了检测率;文献[7]中用边界感知的方式来决定可变检测器的半径,提高了检测率,但虚警率也大幅增加;文献[8]提出一种树形结构的 V-detector 算法,增强检测性能;文献[9]采用统计的方法来估计检测器的覆盖率,提高了整体检测性能,并证明了超球体表示的检测器具有较好的性能和适用性;文献[3]～[9]均使用超球体表示 n 维空间中的检测器;文献[10]和[11]分别使用超椭圆体检测器和多形态检测器解决一类特定问题;文献[12]提出了一种基于混沌的否定选择算法,使用混沌映射进行参数调整。

在国内,文献[13]～[15]基于二进制(字符串)表示对提高检测器的性能进行了研究;文献[16]提出了一种基于自体区域的实值否定选择算法,采用定长检测器半径、超球体检测器；文献[17]提出了一种自体半径也可变的自适应实值否定选择算法（采用超球体检测器），实现过程较为复杂；文献[18]提出了一种基于切割的实值检测器生成算法，检测器采用超立方体表示，主要侧重提高算法运行效率；文献[19]提出了一种确定性实值检测器生成算法，采用超矩形表示检测器。

　　基于此，本书提出一种改进的实值表示的、检测器半径可变的检测器生成算法，采用超球体表示检测器。算法在检测器的生成过程中，通过自体的分布特点，在非自体空间搜索，尽可能生成覆盖范围较大的检测器，并通过对检测器生成过程的统计分析，建立了基于假设检验的检测器生成过程，利用检测器的期望覆盖率，将假设校验的结果作为算法结束的控制参数。理论分析和实验结果表明：本算法减少了所需的检测器数量，提高了检测率，整体检测性能得到提高。

13.3　算法关键技术分析和实现

13.3.1　检测器生成过程的概率统计分析

　　一般的检测器生成算法中[3-5,7,8,16-18]，需要预先设定所需检测器的最大数目。这种作法的缺陷在于：对于预先设定的检测器的最大数目，有可能达不到所需的覆盖率或者造成检测器冗余，降低检测效率。

　　对于检测器生成过程，主要就是判断在非自体空间的随机采样点是否已经被检测器覆盖，决定是否需要增加新的检测器。因此，进行如下的数学分析。

　　假设随机变量 X 表示在非自体空间的 n 次随机采样。假设 A 表示采样的非自体已经被检测器覆盖，$\overline{A}$ 表示采样的非自体未被检测器覆盖。设 $P(A) = p(0 < p < 1)$ ，则

$P(\overline{A}) = q = 1 - p$ ，重复进行 n 次采样，有 $P\{X = k\} = \binom{n}{k} p^k q^{n-k} (k = 0,1,2,\cdots,n)$ 。由于

$\binom{n}{k} p^k q^{n-k}$ 正好是二项式 $(p+q)^n$ 的展开式中出现 $(p+q)^n$ 的那一项，故称随机变量 X 服从参数为 n, p 的二项式分布，记为 $X \sim b(n,p)$ ，并且其数学期望 $E(X)$ 为 np ，方差 $D(X)$ 为 $np(1-p)$ [20]。因此，随机在非自体空间采样一个点，该点是否已经被检测器覆盖服从二项式分布。非自体空间中的所有点 n 即是样本总体。

　　由于在 n 充分大的时候，二项式分布计算十分困难[21]。根据中心极限定理，正态分布是二项分布的极限分布，二项分布的概率可用正态分布的概率作为近似值。因此，使用正态分布 $X \sim N(np, np(1-p))$ 作为二项分布的近似[21]。但使用正态分布作为二项式分布的近似有两个明显的不足：正态分布通常是对称的，而二项式分布只有概率 p 等于 0.5 时才是对称的；正态分布是连续的，而二项式分布是离散的。经验法则认为[21]：只有 $np > 5$ 、 $n(1-p) > 5$ 和 $n > 10$ 才能使用正态分布作为二项式分布的近似。

点估计法[6]通过随机选择非自体样本点，由检测器对非自体样本的覆盖率来推断检测器对整个非自体空间的覆盖率，但无法获得估计值的可信度。为此，引入区间估计[9]，通过使用置信区间描述对非自体空间覆盖率的置信水平(落在置信区间的概率)。置信区间越短，表示估计的精度越高。

在检测器生成过程中，主要目标就是决定检测器的数量是否足够，是否还需要增加更多的检测器，这主要取决于期望的覆盖率是否达到。因此，统计推断中的假设检验更适合描述此问题。

13.3.2　检测器生成过程的假设检验描述

假设检验是另外一种统计推断方式。基于假设检验的检测器生成算法的主要思想就是：假设检测器覆盖率已经达到期望目标，然后判断假设是否正确。为了执行假设检验，需要进行以下步骤。

(1)确定零假设(原假设) H_0 和备择假设 H_1 。

由于期望检测器覆盖率有一个最低值，并且其值越大越好，所以这里使用右边单边检验。算法的假设检验为

$$H_0 : p \leqslant p_{\min} , \quad H_1 : p > p_{\min}$$

H_0 表示已有检测器对非自体区域的覆盖率 p 低于期望值，H_1 表示已有检测器对非自体区域的覆盖率 p 大于期望值。在假设检验中，选择 H_0 和 H_1 的一个原则就是要求犯第 1 类错误(在零假设为真时，拒绝零假设，即弃真的错误)比犯第 2 类错误(在零假设不真时，接受零假设，即取伪的错误)代价更大[20]。这里，如果拒绝 H_0 ，则犯第 1 类错误，结果是不再增加检测器，这将导致检测器覆盖率过低。而如果 H_0 不真(即覆盖率足够)，这时如果接受 H_0 ，即还认为需要增加检测器，这时，将增加一些无用(重复)的检测器。相比而言，在检测器生成算法中，更关心检测器对非自体空间的覆盖率，第 1 类错误正是要尽量避免的。因此，给定的零假设和备择假设是正确科学的。

(2)确定显著性水平 α 及样本容量 n 。

一般情况下，都希望犯两类错误的概率都比较小。但当样本容量固定时，若减少犯第 1 类错误的概率，则犯第 2 类错误的概率会增大[20]。因此，在给定样本容量的情况下，总是控制犯第 1 类错误的概率，使它不大于 a (显著性检验)。典型值是 0.01、0.05、0.1 等。

(3)确定检验统计量以及拒绝域的形式。

假设 p 是要估计的检测器对非自体空间的覆盖率，$\bar{p}$ 是根据已有采样样本得到的检测器覆盖率估计值，根据中心极限定理，则有[21]：$\dfrac{(\bar{p} - p)}{(\sigma\sqrt{n})} \sim N(0,1)$ (σ 为标准方差)。

因此，检验统计量 $z = \dfrac{\bar{p} - p}{\sigma / \sqrt{n}} = \dfrac{\bar{p} - p}{\sqrt{pq} / \sqrt{n}}$。$\bar{p}$ 为样本值。在检测器生成过程中，如果

已经有 m 个点被覆盖，则 $\bar{p} = m / n$。因此，$z = \dfrac{\bar{p} - p}{\sqrt{pq} / \sqrt{n}} = \dfrac{m / n - p}{\sqrt{pq} / \sqrt{n}}$。

(4) 拒绝或者接受原假设。

如果 $z > z_\alpha$，则拒绝原假设。本书算法中，拒绝原假设，则认为检测器的覆盖率已经足够，算法结束。

13.3.3　检测器中心和半径的优化

对于否定选择算法，在理想状态下，希望用最少的检测器检测到最大可能的异常。因此，提高检测器的覆盖范围是一个简单可行的方法。对于实值表示的检测器来说，一个检测器就是高维空间的一个超球体[3-9]，因此，如果能有效增加检测器的半径，显然可以扩大检测的覆盖范围，并减少所需的检测器数量，进而提高检测性能。V-detector 算法[6,7,9]以一个二元组 (x, r) 表示检测器，其中 x 表示检测器的中心点(非自体空间的某一点)，r 为检测半径。其中，半径 r 是可变的，其值为 $r = d - r_s$，其中 d 是 x 与任一自体样本的最短欧氏距离，r_s 是自体半径，即 r 的大小根据最近自体元素的边缘而改变。由于实值表示的异常检测问题可以转换成向量空间的区域划分问题[9-11]，所以，在确定 x 后，可以根据非自体空间的分布情况生成覆盖范围更广的检测器，进而减少所需检测器的数量，提高检测性能。本书利用数学中的相关理论对检测器生成算法进行了改进，下面用二维图形进行说明。

假设随机产生的点(向量)为 x，x 与 S (自体样本)中距离最近的两个自体点 s_1、s_2 的欧氏距离分别记为 L_1、L_2，且满足 $L_1 \leqslant L_2$，即点 s_1 是与 x 最近的自体点，L_1 是与自体样本的最短距离。在 V-detector 算法中[6-9]，二元组 (x, r_1) 即是检测器，其中 $r_1 = L_1 - r_s$，r_s 为自体半径。后期的算法大都采用了这种机制[12,16,17]。本书对检测器作了改进，具体分析过程如下。

在向量空间中，以 x 为中心、r_1 $(r_1 = L_1 - r_s)$ 为半径的超球记作 B_1，其在球面内只包含点 s_1；以 x 为中心、r_2 $(r_2 = L_2 - r_s)$ 为半径的超球记作 B_2，其在球面上只包含点 s_2，并且球体 B_1 包含在 B_2 内，如图 13.1 所示。连接点 s_1 和 x，在其延长线上可以得到一点 x'，使得 $|x - x'| = \dfrac{r_2 - r_1}{2}$，则以 x' 为中心、$r_{x'}$ $\left(r_{x'} = |x - x'| + r_1 = \dfrac{r_2 - r_1}{2} + r_1 = \dfrac{r_2 + r_1}{2} \right)$ 为半径的超球记作 $B_{x'}$，则超球 $B_{x'}$ 包含 B_1，且 s_1 在 $B_{x'}$ 球面上，同时，$B_{x'}$ 包含在 B_2 内。所以，点 x' 到 B_2 的距离大于

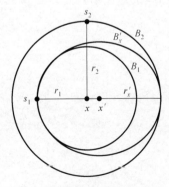

图 13.1　超球体关系示意图

等于 $r_{x'}$，即 $B_{x'}$ 不会覆盖 s_2。也就是说，点 x' 与自体集 S 的最近距离是 $r_{x'}$。因为超球 $B_{x'}$ 包含 B_1，所以检测器 $(x', r_{x'})$ 的检测范围包含且大于检测器 (x, r_1) 的检测范围，并且不覆盖自体点。

基于此，本书改进了检测器生成的中心和半径，不再使用 (x, r_1) 作为检测器，而是使用 $(x', r_{x'})$ 作为为新的检测器。该方法保证了在自体样本集合确定的情况下，对同一个非自体集合，改进算法生成的检测器的覆盖范围大于或等于原算法的检测器覆盖范围。

13.3.4　算法基本步骤和分析

本书提出的检测器生成算法步骤如下。

(1)设置参数。选定期望覆盖率 p，显著性水平 a，采样样本大小 $n(n > \max(5/p, 5/(1-p))$，自体半径大小 r_s。设定计数器 t 和 m 分别记录非自体采样点的数量和已经被检测器覆盖的非自体点的数量，初值均设置为 0；初始检测器集合 D 为空；给定已知的自体集合 S。

(2)随机在论域空间采样一个点 x。

(3)判断点 x 是否为自体；如果是自体，则转(2)；否则，则表明 x 是非自体，转(4)。

(4)令计数器 $t = t+1$；判断 x 是否被检测器覆盖；如果被检测器覆盖，则转(5)；否则，转(6)。判断 x 是否已经被检测器覆盖的方法为：计算 x 与检测器集合 D 中已有的检测器 $d_i(i = 1, 2, \cdots, n)$ 的欧氏距离 $L_{d_i} = \text{Euclidean}(d_i, x)$；如果距离 L_{d_i} 小于任一检测器 d_i 的半径 $r(d_i)$，说明点 x 已经被检测器覆盖，否则，则没有覆盖。

(5)令计数器 $m = m = 1$，计算检验统计量 $z = \dfrac{m/n - p}{\sqrt{pq}/\sqrt{n}}$，然后判断 $z > z_\alpha$ 是否成立。如果成立，说明检测器覆盖率已经足够，则转(8)，结束算法；否则，转(7)。

(6)将 x 作为候选检测器，对检测器中心和半径进行优化，生成新的检测器。具体过程为：计算点 x 与自体样本集合 S 中的自体点 s_i 的欧氏距离 $L_i = \text{Euclidean}(s_i, x)$ $(i = 1, 2, \cdots, n)$，记录距离最近的两个自体点及其距离，分别记作 $(s_1, L_1), (s_2, L_2)$，且 $L_1 \leqslant L_2$，并计算 $r_1 = L_1 - r_s$，$r_2 = L_2 - r_s$，r_s 为自体半径。移动检测器的位置到 $x' = x + \dfrac{r_2 - r_1}{2} * \dfrac{x - s_1}{\|x - s_1\|}$，同时更改检测器的半径为 $r_{x'} = \dfrac{r_1 + r_2}{2}$，则新的检测器为 $(x', r_{x'})$，将 $(x', r_{x'})$ 作为新的检测器加入到检测器集合。

(7)判断 $t = n$ 是否成立；如果成立，则说明采样过程已经完成，检测器 D 即为生成的检测器集合，转(8)，结束算法。如果 $t = n$ 不成立，则转(2)；继续进行采样。

(8)算法结束。

算法的基本流程图如图 13.2 所示。

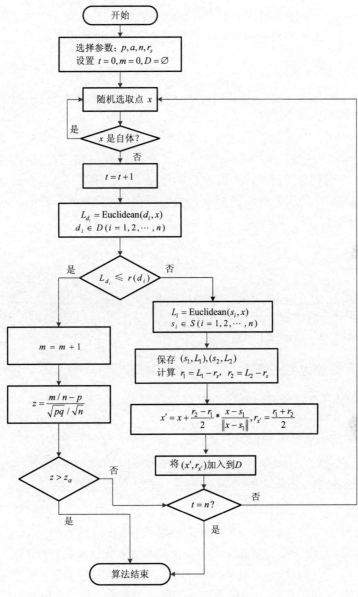

图 13.2　算法基本流程图

13.3.5　算法优势和特点分析

本算法集成了基于假设检验的统计推断方法来估计检测器覆盖率，并将其集成在检测器的生成过程中，假设检验的结果作为算法的一个终止条件，而不是简单决定于预设的检测器最大数量。因此，本算法提供了以下 2 种结束方式：①对非自体空间的随机采样完成；②当期望的覆盖率达到时(步骤(5))，算法结束，这也是本算法独特之处，可以避免产生冗余的检测器。后面的实验也证明了这一点。

13.3.6　算法的复杂度

本算法复杂性与 V-detector[9]相同。从时间复杂度来看：本算法检测器半径的计算复杂度与自体样本训练集大小 $|S|$ 呈线性关系，复杂度为 $O(|S|)$，如果最终生成的检测器数量为 N，则总的复杂度为 $O(N|S|)$。同时，两个算法的空间复杂度也都取决于 N。与定长检测器生成算法 RRNSA 相比[5]，如果 N 和 RRNSA 算法中预设的检测器数目数量级相同，则复杂性相当；如果 N 有明显减少，算法的复杂性会适当降低。下面的实验证明，本算法所需的检测器数量 N 大幅减少，因此，本算法的时间复杂度和空间复杂度与 RRNSA 相比均较优。

13.4　实验和结果分析

为了验证算法的性能，通过人工合成数据集 2D Synthetic Data[22]和真实数据集(Iris 和 Biomedical)[23]进行了异常检测的实验验证和分析，并与相关算法作了比较。程序在 Windows 环境下，用 JAVA 语言编程实现。

13.4.1　异常检测系统及其性能的形式化描述

基于免疫学的异常检测过程的主要目的在于识别问题空间中的一个新元素是自体或者非自体。问题空间表示为 $U = x_1 \times x_2 \times \cdots \times x_n$，其中 n 表示 n 维数值向量空间，$x_i(1 < i < n)$ 表示第 i 个属性。分别用 self、nonself 表示自体和非自体元素，则有 $\text{self} \in U$，$\text{nonself} \in U$，并且 $\text{self} \bigcup \text{nonself} = U$，$\text{self} \bigcap \text{nonself} = \varnothing$。

异常检测系统(anomaly detection system，ADS) $\sum_{\text{ADS}}$ 可表示为三元组：$\sum_{\text{ADS}} = (\text{IN}_{\text{ADS}}, \text{OUT}_{\text{ADS}}, F_{\text{ADS}})$，其中 IN_{ADS}、OUT_{ADS}、F_{ADS} 分别表示异常检测系统的输入、输出及二者之间的非线性映射。令 $U(\text{universe})$ 表示输入的整个论域，A (anomaly)表示异常数据集合(对应于非自体 nonself)，$\bar{A}$ 表示正常数据集合(对应于自体 self)，则 A 和 $\bar{A}$ 互斥，有 $A \bigcup \bar{A} = U$，$A \bigcap \bar{A} = \varnothing$，$\text{IN}_{\text{ADS}} \in U$。$\text{OUT}_{\text{ADS}}$ 表示异常检测系统的输出，输出为正常 N 和不正常 $\bar{N}$ 两种状态，正常用 1 表示，不正常用 0 表示。F_{ADS} 表示输入与输出之间的非线性函数关系，有

$$\text{OUT}_{\text{ADS}} = F_{\text{ADS}}(\text{IN}_{\text{ADS}}) = \begin{cases} 1, & \text{IN}_{\text{ADS}} \in A \\ 0, & \text{IN}_{\text{ADS}} \in \bar{A} \end{cases}$$

用符号 R_{TP}、R_{MP}、R_{FP} 分别表示异常检测系统 $\sum_{\text{ADS}}$ 的检测率、漏警率、虚警率，则

$$R_{\mathrm{TP}}\left(\sum \mathrm{ADS}\right) = P\left(\mathrm{OUT_{ADS}} = 1 / \mathrm{IN_{ADS}} \in A\right)$$

$$R_{\mathrm{MP}}\left(\sum \mathrm{ADS}\right) = P\left(\mathrm{OUT_{ADS}} = 0 / \mathrm{IN_{AIPS}} \in A\right) = 1 - R_{\mathrm{TP}}$$

$$R_{\mathrm{FP}}\left(\sum \mathrm{ADS}\right) = P\left(\mathrm{OUT_{ADS}} = 1 / \mathrm{IN_{ADS}} \in \overline{A}\right)$$

一个好的异常检测算法应该具有高的检测率(即低的漏警率)和低的虚警率。而检测率和虚警率往往是互相制约的,为了更有比较性的衡量检测结果,本书定义了一个新的衡量指标:错误率,用符号 EP(error probability)表示。

定义异常检测系统的错误率为:$\mathrm{EP}\left(\sum \mathrm{ADS}\right) = W_{\mathrm{MP}} \times R_{\mathrm{MP}}\left(\sum \mathrm{ADS}\right) + W_{\mathrm{FP}} \times R_{\mathrm{FP}}\left(\sum \mathrm{ADS}\right)$。其中,$W_{\mathrm{MP}}$ 和 W_{FP} 为权值(权值大小可以根据实际应用需要设定),有 $0 \leqslant W_{\mathrm{MP}} \leqslant 1$,$0 \leqslant W_{\mathrm{FP}} \leqslant 1$,$W_{\mathrm{MP}} + W_{\mathrm{FP}} = 1$,因此,$\mathrm{EP}\left(\sum \mathrm{ADS}\right) \in [0,1]$。EP 值越小说明系统虚警率和漏警率越低,检测性能越好。理想的异常检测系统 DP = 0。同时,由于检测器的数量影响着检测器的检测效率。所以,本书采用异常检测系统标准的衡量指标:检测率(TP)、虚警率(FP)、检测器的数量(N)来检测系统的性能,另外,错误概率(EP)也作为检测性能的一个新的参考指标。

13.4.2 合成数据上的实验及分析

1. 实验数据及参数设置

用合成的二维实值数据集 2D Synthetic Data 来验证本算法[21]。此 2 维数据集用来验证 V-detector 算法及其改进算法的性能。总共包括 38 对数据,每一对数据包括一个测试数据和一个训练数据,每个数据包含 1000 个数据点。由于真实环境中,自体数据的分布规律具有不确定性,为了更全面描述自体的分布情况,数据集设计了 7 类自体形状(分布状态),包括 comb(梳子型)、cross(十字型)、triangle(三角形)、ring(环形)、stripe(带状)、intersection(交叉式)、pentagram(五角星)。除 comb 外,其他形状又分为大、中、小三种不同的规格(参数),同时设计了与上述 7 种形状互补的形状,所以,总共形成了 38 对数据((1+3×6)×2= 38)。

从算法流程和测试数据可以看出,影响检测结果的性能指标参数主要有:自体区域的形状、目标覆盖率 p、显著性水平 a、自体样本点(训练数据)的数量、自体半径(阈值)r_s。具体参数选择如下。

(1)自体区域形状对检测结果影响不大[9],期望目标覆盖率在 99%时总体性能较优[9]。为了便于比较,实验中参数的选取与文献[9]相同:自体区域为 cross(十字型)、期望覆盖率为 99%。

(2)显著性水平 a 取 0.1。综合考虑各种性能,本实验中 a 最终取 0.1。

（3）由于训练数据样本的多少和自体半径对检测结果影响较大，所以，训练数据分别采用 10%、50%、100% 选取的自体点来验证对检测结果的影响，测试数据是 1000 个随机分布的数据点（包括自体与非自体）；自体半径取值从 0.01～0.20。

2. 相关算法性能对比分析

表 13.1 给出了在其他参数给定，使用不同的自体数据训练，自体半径取典型值 0.05 和 0.1 时本算法与经典 V-detector 算法[9]的检测性能比较结果。为了减少随机检测器对检测结果不确定性的影响，实验结果是 100 次重复实验的结果。其中，错误率的计算是假设检测率、虚警率同等重要，即权值 W_{MP} 和 W_{FP} 均设为 0.5。

从表 13.1 的对比实验结果可以看出，本算法检测率得到了提高；虚警率稍有增加；所需的检测器数量有了较明显的下降；考虑指标错误率 EP，本算法的 EP 值稍低。因此，综合来看，本算法检测性能较优。原因主要在于：本算法通过搜索非自体空间，优化了检测器的中心点，扩大了检测器的覆盖范围，提高了检测率，减少了所需检测器数量；在扩大检测器范围的过程中，由于自体区域的离散性，导致虚警率稍有增加。同时，算法通过集成假设校验的检测器生成算法，有效降低了冗余检测器的生成。

表 13.1　相关算法检测性能比较（合成数据集）

训练数据	相关算法	自体半径	检测率/%	虚警率/%	错误率/%	检测器数量
10% training	本算法	0.1	80.36	1.82	0.1073	38
	V-detector	0.1	78.25	1.80	0.1178	162
50% training	本算法	0.1	79.28	0.94	0.1083	47
	V-detector	0.1	76.23	0.61	0.1214	180
100% training	本算法	0.1	78.92	0.50	0.1034	51
	V-detector	0.1	74.68	0.24	0.1278	196
10% training	本算法	0.05	97.23	17.5	10.14	40
	V-detector	0.05	96.25	17.2	10.48	160
50% training	本算法	0.05	97.15	9.24	6.05	52
	V-detector	0.05	96.10	8.65	6.28	172
100% training	本算法	0.05	96.23	5.02	4.40	56
	V-detector	0.05	95.28	4.74	4.73	186

在实际使用中，由于自体的不完备性，如果使用较少的训练数据就能得到较好的检测性能，则更能有力说明算法性能。图 13.3 及图 13.4 所示是使用 10% 训练数据时本算法与经典 V-detector 算法[9]的比较结果，进一步加强验证了本算法的性能。

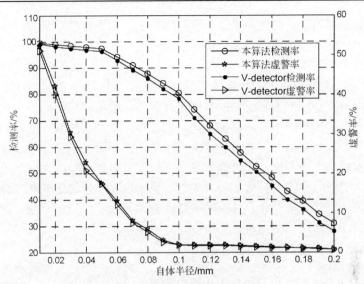

图 13.3　检测率和虚警率结果示意图

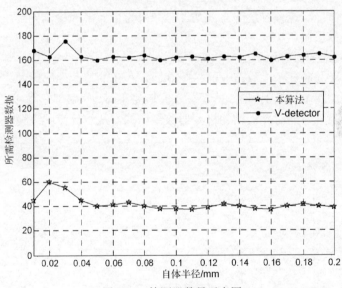

图 13.4　检测器数量示意图

3. 实验参数对检测结果性能的影响分析

从表 13.1 和图 13.3～图 13.4 的实验结果表明：自体训练数据的比例尤其是检测器半径(阈值)的取值对检测结果影响很大。分析如下。

(1)训练数据对检测性能的影响。

从表 13.1 可以看出，当训练用的正常数据越多时，虚警率降低，检测率也稍微有所降低，所需检测器数量变化不大。主要原因在于：由于自体定义完全是一些离散的点，越多的自体样本将有效降低虚警率(但并不能完全排除虚警率)，但对检测率和所需的检测器数量影响不大。

(2)自体半径对检测率和虚警率的影响。

从表 13.1 和图 13.3 所示可知：自体半径越小，检测率越高，但虚警率也越高。主要原因在于：自体半径小时，自体泛化范围较小，检测越严格，更多的异常可以被检测到，检测率提高；同时，当自我样本过小时，由于不能形成一个连续的区域，可能在自我空间中产生检测器，导致虚警率升高。而当自体半径较大时，检测率和虚警率都较低。主要原因在于：自体半径过大时，位于自我空间边缘的自我样本可能会覆盖到非自体空间，导致部分非自体无法被检测到，导致了检测率降低，同时，由于自体半径较大时，自体泛化范围较大，所以，虚警率也降低。

(3)自体半径对检测器数量的影响。

从表 13.1 和图 13.4 所示可知：自体半径较小时，所需检测器数稍多，但随着自体半径变大，所需的检测器数量基本趋于常数。

从上面的分析可以看出，自体半径大小是平衡检测率和虚警率的主要参数。因此，必须根据实际情况，选择合适的自体半径：如果为了更多的检测异常，可以取半径较小；如果为了尽量避免虚警率，半径可以适当大一些。

(4)显著性水平 a 对检测结果的影响。

本书通过实验验证了 a 取值 0.01～0.20 时，系统的检测率、虚警率及所需的检测器数量。结果如图 13.5 和图 13.6 所示。从实验结果可以看出，a 越小，检测率越高，虚警率也有所上升，同时，所需的检测器数量增加。从统计学的理论可知，在样本容

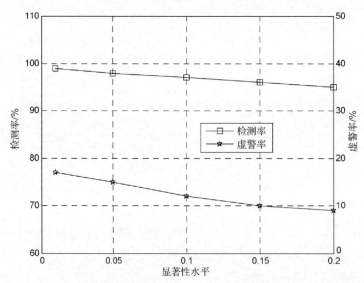

图 13.5　显著性水平对检测率和虚警率的影响

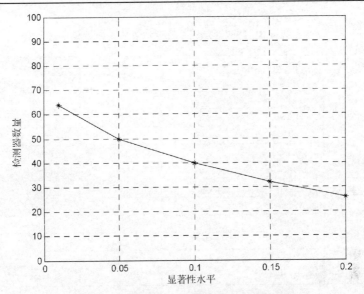

图 13.6　显著性水平对检测器数量的影响

量固定的情况下，显著性水平 a 越小，犯第 1 类错误（检测器覆盖率未达到期望值）的概率越小，但犯第 2 类错误（增加冗余的检测器）的概率会增大[20]。这表明实验结果与理论分析是一致的。结合本问题，a 最终取值 0.1。

13.4.3　在真实数据上的实验结果

同时使用著名的 Fisher's Iris 免疫原理数据集验证此算法的性能[23]。该数据集有 3 个类（setosa，versicolor，virginica），每类 50 个样本，每个样本是一个 4 维的特征向量，用来描述花类的形状和大小，分别是：萼片的长度、宽度、花瓣的长度、宽度（厘米）。其中 setosa 为线性可分离的，versicolor、virginica 彼此之间是非线性的。实验时，一类数据作为正常数据，其他两类作为异常数据。正常数据用来训练系统。其中，setosa 50%表示：setosa 被认为正常数据，其他两种类型（versicolor 和 virginica）被当作异常数据，并且 50%的 setosa 数据被当作训练数据，所有三种类型的数据（包括已经作为训练数据）作为测试数据，其他（如 setosa 25%）表示的含义类似。

为了验证性能，与经典 RRNSA 算法（使用定长检测器）[5]和 V-detector 算法[9]进行对比。实验中所需参数的设置与文献[5]与[9]相同：自体半径为 0.1，期望覆盖率为 99%，显著性水平 a=0.1，检测器数量最大值设为 1000（文献[5]）。同样，为了减少随机检测器对检测结果不确定性的影响，实验结果是对每一种方法和参数设置的 100 次重复实验的结果。实验结果如表 13.2 所示。其中错误率的计算采用检测率和虚警率权值相同（均为 0.5）。

表 13.2　相关算法检测性能比较(Iris 数据集)

训练数据	相关算法	检测率/%	虚警率/%	错误率/%	检测器数量
Setosa 100%	本算法	99.98	0	0.01	12
	V-detector	99.98	0	0.01	20
	RRNSA	100	0	0	1000
Setosa 50%	本算法	99.98	1.33	0.68	9
	V-detector	99.97	1.32	0.68	16
	RRNSA	100	11.18	0.56	1000
Versicolor 100%	本算法	86.37	0	6.69	78
	V-detector	85.95	0	7.03	153
	RRNSA	90.67	0	4.67	1000
Versicolor 50%	本算法	89.65	8.50	9.43	60
	V-detector	88.31	8.42	10.06	110
	RRNSA	92.23	22.2	11.49	1000
Virginica 100%	本算法	83.80	0	8.10	120
	V-detector	81.87	0	9.07	218
	RRNSA	92.51	0	3.75	1000
Virginica 50%	本算法	94.18	13.19	9.51	67
	V-detector	93.58	13.18	9.80	108
	RRNSA	95.18	33.26	19.04	1000

　　图 13.7 和图 13.8 分别是 virginica50%作为训练数据时相关算法的性能比较,进一步验证了算法的优越性。同时,也表明了自体半径对检测率和虚警率、所需检测器数量的影响。

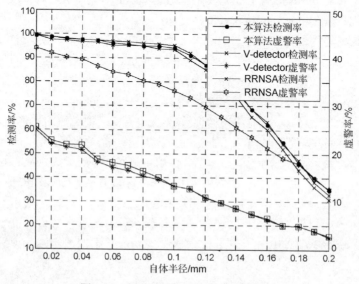

图 13.7　相关算法检测率和虚警率比较

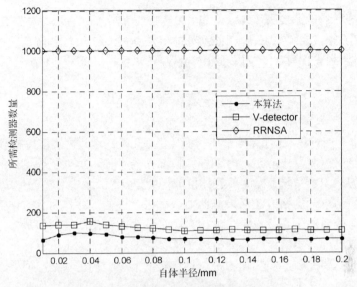

图 13.8　相关算法所需检测器数量比较

从实验结果可以看出，本算法与 V-detector[9]相比，由于扩大了检测器的半径，所需的检测器数量减少，检测率有所提高，虚警率相当，错误率 EP 较低。与 RRNSA 相比[5]，检测率略有下降，但虚警率较低，错误率 EP 也较低，尤其是需要的检测器数量大幅减少，可有效提高检测效率。因此，综合考虑，本算法有一定的优越性。

算法在 setosa 数据集上比其他数据集检测率较高的原因主要在于：相比其他两类数据，setosa 数据本身是线性分离的。同样，从结果可以看出，自体半径仍然是平衡检测率和虚警率的重要参数。

同时，用同样的参数设置在 Biomedical 数据集上作了进一步实验[22]。结果如表 13.3 所示。

表 13.3　相关算法检测性能比较(Biomedical 数据集)

训练数据	相关算法	检测率/%	虚警率/%	错误率/%	检测器数量
100% training	本算法	40.51	0	29.48	10
	V-detector	30.61	0	34.70	22
	RRNSA	69.36	0	15.32	1000
50% training	本算法	42.89	1.07	29.09	8
	V-detector	32.92	0.61	33.85	16
	RRNSA	72.29	2.94	15.33	1000
25% training	本算法	57.97	2.63	22.33	7
	V-detector	43.68	1.24	28.78	12
	RRNSA	86.96	19.50	16.27	1000

此数据集是一个 209 个患者的血压测量，每个患者有四种不同类型的血压测量值

（用来判断一种稀有的遗传病）。134 个患者是正常的，75 个患者是疾病携带者，也就是要被检测的异常数据。实验结果进一步验证了本算法具有一定的优越性。表中检测率较低的原因在于自体半径设置为 0.1，如果要想得到较高的检测率，可将自体半径适当减少。

13.5　本章小结

本书提出了一种集成假设检验的、检测器半径可变的改进型实值检测器生成算法[24]。算法使用优化的检测器中心点，有效扩大检测器的半径，扩大了检测器的覆盖范围，减少了所需的检测器数量，提高了整体检测性能。同时，通过对检测生成过程的分析，使用假设检验的统计推断方法对检测器覆盖率进行评估，并作为算法结束运行的一个控制参数，有效避免了直接设定最大检测器个数可能带来的冗余检测器，进一步优化了检测器生成过程。实验结果和分析表明了算法的有效性。由于自体半径是平衡检测率和虚警率的主要参数，实际使用中，具体取值依赖于特定的应用问题。如何针对实际问题，实现对自体半径最优值的有效预测，是下一步的研究工作。

参 考 文 献

[1] 莫宏伟, 左兴权. 人工免疫系统. 北京: 科学出版社, 2009.

[2] Bereta M, Burczy T. Comparing binary and real-valued coding in hybrid immune algorithm for feature selection and classification of ecgsignals. Engineering Application of Artifical Intelligence, 2007, 20(5): 571-585.

[3] Gonzalez F, Dasgupta D, Kozma R, et al. Combining negative selection and classification techniques for anomaly detection. Proceedings of the 2002 Congress on Evolutionary Computation CEC, Honolulu, 2002: 705-710.

[4] Gonzalez F, Dasgupta D. Anomaly detection using real-valued negative selection. Journal of Genetic Programming and Evolvable Machines, 2003, 4(4): 383-403.

[5] Gonzalez F, Dasgupta D, Nino L F, et al. A randomized rea-valued negative selection algorithm. ICARIS-03, 2005.

[6] Ji Z, Dasgupta D. Real-valued negative selection algorithm with variable-sized detectors. Proceedings of GECCO, 2006: 287-298.

[7] Ji Z. A boundary-aware negative selection algorithm. International Conference on Artificial Intelligence and Soft Computing (ASC), 2006.

[8] Chmielewski A, Wierzcho S T. V-detector algorithm with tree-based structures. Proceedings of the International Multiconference on Computer Science and Information Technology, Beijing, 2008: 9-14.

[9] Ji Z, Dasgupta D. V-detector: An efficient negative selection algorithm with "probably adequate"

detector coverage. Information Sciences, 2009, 17(9): 1390-1406.

[10] Shapiro J M, Lamont G B, Peterson G L, et al. An evolutionary algorithm to generate hyper-ellipsoid detectors for negative selection. Genetic and Evolutionary Computation Conference, 2007: 337-344.

[11] Balachandran S, Dasgupta D, Nino L F, et al. A general framework for evolving multi-shaped detectors in negative selection. IEEE Symposium Series on Foundations of Computational Intelligence, 2008: 401-408.

[12] Aydin I, Karakose M, Akin E. Chaotic-based hybrid negative selection algorithm and its applications in fault and anomaly detection. Expert Systems with Applications, 2010, 37: 5285-5294.

[13] 张衡, 吴礼发, 张毓森, 等. 一种r可变阴性选择算法及其仿真分析. 计算机学报, 2005, 28(10): 1614-1619.

[14] 何申, 罗文坚, 王煦法. 一种检测器长度可变的非选择算法. 软件学报, 2007, 18(6): 1361-1368.

[15] 杨东勇, 陈晋音. 基于多种群遗传算法的检测器生成算法研究. 自动化学报, 2009, 31(4): 1407-1410.

[16] Zhang F, Wang D, Wang S. A self region based real-valued negative selection algorithm. Journal of Harbin Institute of Technology, 2008, 15(6): 851-855.

[17] Zeng J, Liu X, Li T. A self-adaptive negative selection algorithm used for anomaly detection. Progress in Natural Science, 2009, 19(2): 261-266.

[18] 蔡涛, 鞠时光, 仲巍, 等. 基于切割的检测器生成与匹配算法. 电子学报, 2009, 36(4): 358-362.

[19] Wang Y, Luo W. PTS-RNSA: A novel detector generation algorithm for real-valued negative selection algorithm. International Joint Conference on Bioinformatics, Systems Biology and Intelligent Computing, 2009: 61-66.

[20] 盛骤, 谢式千, 潘承毅. 概率论与数理统计. 北京: 高等教育出版社, 2005.

[21] 史宁中. 统计检验的理论与方法. 北京: 科学出版社, 2008.

[22] Columbia University. 2DSyntheticData. http://www. zhouji. net/prof/2D Synthe- ticData. zip.

[23] StatLib Datasets Archive. http://lib.stat.cmu.edu//dataset/.

[24] 柴争义, 吴慧欣, 吴勇. 一种用于异常检测的实值检测器优化生成算法. 吉林大学学报(工学版), 2012, 42 (5): 1251-1256.